本书由以下项目基金支持：

国家自然科学青年科学基金项目

野生大豆 GsSMD 与 GsERF71 转录因子互作调控植物应答苏打盐碱胁迫的分子机理研究（项目编号：32001454）

黑龙江省普通本科高等学校青年创新人才培养计划项目

野生大豆 CIPK2 蛋白激酶蛋白互作网络构建及耐苏打盐碱机制的研究（项目编号：UNPYSCT-2020125）

黑龙江省自然科学基金联合引导项目

野生大豆 ERF71 与 SMD 蛋白相互作用及耐苏打盐碱机制的研究（项目编号：LH2020C068）

生命科学系列丛书

野生大豆GsERF71基因在碱胁迫信号传导通路中的作用机制研究

陈　超　卢　倩　刘玉芬　著

黑龙江大学出版社
HEILONGJIANG UNIVERSITY PRESS

哈尔滨

图书在版编目（CIP）数据

野生大豆 GsERF71 基因在碱胁迫信号传导通路中的作
用机制研究 / 陈超，卢倩，刘玉芬著. -- 哈尔滨 ： 黑
龙江大学出版社，2021.3
ISBN 978-7-5686-0530-4

Ⅰ．①野… Ⅱ．①陈… ②卢… ③刘… Ⅲ．①野大豆
－基因表达调控－研究 Ⅳ．① S545.03

中国版本图书馆 CIP 数据核字（2020）第 212239 号

野生大豆 *GsERF7*1 基因在碱胁迫信号传导通路中的作用机制研究
YESHENG DADOU *GsERF*71 JIYIN ZAI JIANXIEPO XINHAO CHUANDAO TONGLU ZHONG DE
ZUOYONG JIZHI YANJIU

陈　超　卢　倩　刘玉芬　著

责任编辑　于　丹　苏新雨
出版发行　黑龙江大学出版社
地　　址　哈尔滨市南岗区学府三道街 36 号
印　　刷　哈尔滨市石桥印务有限公司
开　　本　720 毫米 ×1000 毫米　1/16
印　　张　12.75
字　　数　202 千
版　　次　2021 年 3 月第 1 版
印　　次　2021 年 3 月第 1 次印刷
书　　号　ISBN 978-7-5686-0530-4
定　　价　39.00 元

前　言

土壤盐碱化危害程度大,治理困难,面积逐年扩大,已成为农业现代化发展亟待解决的重大问题。根据联合国粮食及农业组织(FAO)不完全统计,目前全世界有9亿多公顷的盐碱地,而我国就有9 900多万公顷,约占世界盐碱地总面积的10.4%。因此开发利用盐碱地,挖掘盐碱地的农业生产潜力,对我国耕地面积的增加、粮食问题的解决、农业的可持续高效发展具有重要的意义。

近年来,随着生物信息学与分子生物学的发展,挖掘耐盐碱功能显著的基因,并进行耐盐碱分子机制与信号传导通路的研究,对通过转基因分子育种与基因编辑等方法培育耐盐碱作物,提高耐盐碱作物的产量与品质具有重要意义。

生长在东北盐碱地的野生大豆(*Glycine soja*)具有极强的耐盐碱性,是耐盐碱基因挖掘及分子机制研究的重要材料。本书在吉林省白城市的重度盐碱地采集了345份野生大豆材料,从中筛选出了耐$NaHCO_3$的野生大豆株系(G07256),并从中挖掘出了耐碱功能显著的GsERF71转录因子,证实*GsERF71*基因的超量表达能提高拟南芥在碱胁迫下的耐受性。

本书为了进一步解析GsERF71转录因子在碱胁迫信号传导通路中的作用,首先构建了盐碱胁迫下的野生大豆酵母双杂交cDNA文库,通过不同类型酵母融合形成接合子的方法,筛选与GsERF71转录因子互作的蛋白质;进一步通过回转验证,获得了4个与GsERF71转录因子互作的蛋白质GsCHYR4、GsCHYR16、GsERF71与GsSNRP。通过酵母双杂交与双分子荧光互补实验,在酵母体内及植物体内验证了GsERF71与GsERF71、GsCHYR4、GsCHYR16互作,并进一步确定了GsERF71与GsCHYR16互作的最小结构域。一方面,通过发根农杆菌介导的大豆毛状根转化系统,验证了*GsERF71*基因在大豆中对碱胁迫的耐受性,并分析了 GsERF71 蛋白在植物体内及体外的稳定性;另一方面,通过 Real-time PCR 方法对 *GsCHYR*4、*GsCHYR*16 基因的组织定位及在碱胁迫下的表达模式进行了分析。利用农杆菌侵染烟草叶片的方法,对 GsCHYR4、GsCHYR16 蛋白的亚细胞定位进行了分析;进一步在酵母体内验证了 GsCHYR4、GsCHYR16 蛋白的转录激活活性。为了研究 *GsCHYR*4、*GsCHYR*16 基因的耐碱功能,通过发根农杆菌介导的大豆毛状根转化系统,以及与拟南芥 (*Arabidopsis thaliana*)中相似性最高的 *AtCHYR*1、*AtCHYR*7 基因突变体的鉴定,确定了 *GsCHYR*4、*GsCHYR*16 基因对植物耐碱能力的影响,进一步分析了 *AtCHYR*突变拟南芥及野生型拟南芥在碱胁迫及非生物胁迫下相关 Marker 基因的表达模式。在酵母体内验证了 GsERF71 与 GsSNRP 蛋白的互作,利用农杆菌侵染烟草叶片的方法,确定了 GsSNRP 蛋白的亚细胞定位,并对 *GsSm* 基因家族进行了初步的生物信息学分析。通过上述实验,本书明确了 GsERF71 转录因子与互作蛋白的互作机制,阐明了互作蛋白的耐碱功能与分子机制,获得了具有自主知识产权的耐碱新基因。

笔者

2020 年 9 月

目　录

1 引言

1.1 研究目的和意义

土壤盐碱化是我国乃至全世界农业发展所面临的问题,严重影响着世界粮食产量。根据联合国粮食及农业组织不完全统计,目前全世界有超过 9 亿公顷的盐碱地,其中一半以上是以 $NaHCO_3$ 和 Na_2CO_3 为主的碱性土壤。而我国的盐碱地面积有 9 900 多万公顷。盐碱胁迫主要为高浓度的中性盐胁迫及以 $NaHCO_3$、Na_2CO_3 等碱性盐为主的碱胁迫。盐胁迫主要是高浓度的 Na^+ 胁迫,会引起细胞离子毒害和渗透损伤。碱胁迫不仅能使植物细胞遭受 Na^+ 胁迫,其中的 HCO_3^- 和 CO_3^{2-} 还能导致土壤 pH 值升高,严重影响植物生长发育。盐性土壤主要分布在我国的东部沿海地区;碱性土壤主要分布在东北、西北等地区,并且这些地区的土壤主要以盐碱混合为主。因此开发利用盐碱地,挖掘盐碱地的农业生产潜力,对保证我国耕地面积、解决粮食问题具有重要的意义。

近年来,随着生物信息学、植物基因工程、分子生物学及蛋白质组学的发展与成熟,通过分子育种与基因编辑等手段培育耐盐碱植物,提高植物的产量与品质已成为可能,但是,前提是挖掘耐盐碱功能显著基因。因此,对耐盐碱功能显著基因的挖掘及其耐盐碱分子机制与信号通路的研究显得尤为重要。目前,国内外科学家对植物耐盐碱基因的挖掘及耐盐碱分子机制的研究做了大量工作。植物耐盐胁迫方面,研究较为完善的是朱健康院士提出的 SOS 盐胁迫信号传导通路。植物耐碱胁迫方面,主要以中国农业大学郭岩教授提出的 SCaBP1 - PKS5/24 - AHA2(SPA)信号传导通路为主。但是,碱胁迫的机制研究主要集中在模式植物中,对作物的研究较少。

东北野生大豆能在重度盐碱土壤中正常生长,具有极强的耐盐碱性。因此,东北野生大豆是耐盐碱基因挖掘及分子机制研究的重要材料。本书在吉林省白城市的重度盐碱地采集了 345 份野生大豆材料,从中筛选出了耐 $NaHCO_3$ 优异的野生大豆株系(G07256),并从中挖掘出盐碱胁迫响应基因 *GsERF71*,*GsERF71* 基因超量表达于拟南芥中,能提高其对碱胁迫的耐受性。

为了进一步解析 GsERF71 转录因子在碱胁迫信号传导通路中的作用,本书构建野生大豆盐碱胁迫下的酵母双杂交 cDNA 文库,筛选并获得与 GsERF71 转录因子互作的蛋白质;进一步通过酵母双杂交与双分子荧光互补实验确定了GsERF71 蛋白与互作蛋白互作的最小结构域;通过农杆菌介导的大豆毛状根转化系统,验证了*GsERF*71 基因对碱胁迫的耐受性,并分析了 GsERF71 蛋白在植物体内及体外的稳定性;同时,分析了互作蛋白的亚细胞定位、在碱胁迫下的表达模式及在野生大豆中的组织定位;通过农杆菌介导的大豆毛状根转化系统,以及拟南芥突变体的鉴定,确定了互作蛋白基因的耐碱性,初步阐明了响应碱胁迫的分子机制;同时在酵母体内验证了 GsERF71 与 GsSNRP 蛋白的相互作用,采用农杆菌侵染烟草叶片的方法,确定了 GsSNRP 蛋白的亚细胞定位,并对*GsSm*基因家族进行了初步的生物信息学分析。通过上述研究,本书明确了GsERF71转录因子与互作蛋白的作用机制,阐明了互作蛋白的耐碱功能与分子机制,获得了具有自主知识产权的耐碱新基因。

1.2 国内外研究进展

1.2.1 植物对盐碱胁迫的响应及耐盐碱资源的利用

1.2.1.1 盐碱逆境对植物生长的危害

土壤盐碱化严重影响我国土地的利用率和作物的生长与产量。我国沿海地区土壤的盐化主要以 NaCl 为主,对植物造成高盐胁迫,而内陆地区尤其是东北等盐碱地主要是盐化和碱化的混合,如碱性盐 $NaHCO_3$ 或 Na_2CO_3 等造成土壤高盐及高 pH 值的胁迫。通常情况下,内陆地区盐性土壤与碱性土壤共同存在,因此盐胁迫与碱胁迫也常密不可分,这两种胁迫对植物的伤害机制既有共同点,又有着明显的不同。

盐碱胁迫严重影响植物种子的萌发及植物生物量的积累。盐碱胁迫一方面造成植物原初伤害,如植物细胞面临高浓度的 Na^+ 胁迫,导致植物细胞质膜发生变化,主要为细胞通透性增大,影响细胞对物质的运输,造成离子外渗,或间接引起细胞代谢的变化,造成蛋白质疏水性降低,静电强度变大,酶活性变化等;另一方面造成植物次生伤害,如植物遭受渗透胁迫,细胞膨压降低。碱性盐造成的高 pH 值胁迫,大量矿物质元素如磷、钙、镁等沉淀,使植物根出现营养缺失,生长缓慢。实验证明,盐离子浓度及 pH 值的升高,直接使植物叶片中的光系统反应中心受损,光合电子传递受到抑制,间接造成叶片净光合速率下降。

1.2.1.2 植物响应盐胁迫的机制

盐胁迫是影响植物生长发育的非生物胁迫因素之一,在盐胁迫对植物生长发育的抑制中,Na^+ 和 Cl^- 的积累起着主要的毒害作用。当植物受到胁迫时,首先细胞膜受到伤害,细胞膜破裂导致膜透性改变,产生原初直接伤害;当细胞膜受到伤害后,渗透调节物质外渗、膜蛋白失活等因素进一步导致植物代谢失调,影响植物正常的生长发育,导致原初间接伤害。盐胁迫抑制植物的生长,使植物光合速率下降、呼吸作用忽强忽弱、衰老加速等,最终导致植株因饥饿而死亡。盐胁迫影响植物生长发育的可能因素有三方面:一是光合速率下降,碳同化受抑制;二是渗透调节物质的合成和积累消耗了大量能量;三是维持渗透势需要消耗大量能量。在细胞水平上则主要表现为造成细胞膜的损伤和增加细胞膜透性,离子外渗打破了细胞的离子平衡,从而产生离子毒害,导致蛋白质失活,酶活力下降,并产生大量活性氧(ROS),破坏细胞结构。

植物耐盐机制主要包括四个方面,即活性氧清除、离子调节、渗透调节和耐盐相关基因的诱导表达。

(1)活性氧清除机制。当植物受到盐胁迫时,细胞会进行一系列反应产生活性氧,为免受活性氧的伤害,细胞产生一系列活性氧清除机制,如通过激活酶类系统(过氧化氢酶、超氧化物歧化酶、抗坏血酸过氧化物酶、谷胱甘肽过氧化物酶等)和非酶类系统(还原型谷胱甘肽、抗坏血酸等)清除过量的活性氧,保护细胞膜的结构和功能,从而提高植物对盐胁迫的耐受性。

(2)离子调节机制。植物细胞离子调节机制主要有两方面:一方面,植物可以将吸收到的大部分 Na^+ 贮存于液泡,从而降低细胞质中的盐浓度;另一方面,植物通过减少对 Na^+ 的吸收防止细胞质内 Na^+ 的积累,或将 Na^+ 输送到衰老的组织,减少幼嫩组织中 Na^+ 的积累,从而增加对盐胁迫的耐受性。

(3)渗透调节机制。渗透调节物质主要分为两大类：一是植物细胞从外界吸收的无机盐和离子，如 K^+、Cl^- 等；二是植物细胞自身合成的有机物质，如苹果酸、甜菜碱、脯氨酸等。如在盐胁迫下，植物细胞能产生大量游离的脯氨酸，在增加细胞的渗透压、稳定蛋白质的结构及活性、解除氨毒等方面起着重要的作用。甜菜碱在调节细胞渗透压、稳定生物大分子、调节细胞呼吸作用等方面发挥着重要作用，同时，叶面喷施甜菜碱也可以提高植物的渗透调节能力。

(4)耐盐相关基因的诱导表达机制。植物在盐环境下通常会抑制一些植物生长发育基因的表达，以减少能量的消耗，同时会加强诱导耐盐相关基因的表达，产生抗逆蛋白以应对盐胁迫，如水通道蛋白和热激蛋白等。水通道蛋白可以增强植物对水的吸收，降低细胞渗透势；热激蛋白能与可溶性蛋白结合，保持其活性并防止蛋白质沉淀。

目前，有关盐胁迫的信号传导通路的研究主要集中在水稻、拟南芥等模式植物中，其分子机制的研究较为深入。由朱健康课题组发现的 SOS 盐胁迫信号传导通路如图 1-1 所示。在盐胁迫下，植物细胞感受到外界 Na^+ 浓度升高，细胞外大量 Ca^{2+} 内流，细胞内 Ca^{2+} 浓度升高，Ca^{2+} 与钙结合蛋白 SOS3 结合使其空间构象结构改变，具有活性的 SOS3 蛋白与蛋白激酶 SOS2 相互作用，激活 SOS2 的丝/苏氨酸蛋白激酶。SOS2 蛋白激酶磷酸化质膜上的 Na^+/H^+ 逆向转运体蛋白 SOS1，使其向细胞外转运 Na^+，同时，蛋白激酶 SOS2 磷酸化液泡膜上的离子泵。Na^+/H^+ 逆向转运体与液泡膜上的离子泵共同发挥作用，降低细胞质中的 Na^+ 浓度。

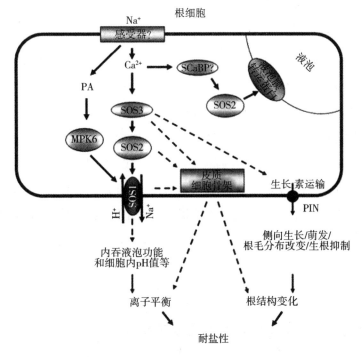

图 1-1 植物 SOS 盐胁迫信号传导通路

1.2.1.3 植物响应碱胁迫的机制

植物受到的碱胁迫主要为土壤的碳酸盐胁迫(主要含有 HCO_3^-、CO_3^{2-}、Na^+)、pH 值偏高(> 8.5)。碱胁迫严重影响作物的正常生长发育,从而导致作物减产。一方面,Na^+ 的积累会使植物细胞受到渗透胁迫和离子胁迫;另一方面,HCO_3^- 和 CO_3^{2-} 使土壤的 pH 值升高,土壤 pH 值超过 6.0,不仅会引起植物根系吸收离子和水分的能力降低,也会降低细胞壁的酸化度,破坏细胞膜的结构,阻碍细胞壁的形成。

研究人员从多方面对碱胁迫的生理机制和分子信号传导机制进行了较深入的研究。在生物信息方面,研究人员使用紫杆柽柳进行了碱胁迫下的芯片分析。研究人员对番茄进行了碱胁迫下的 iTRAQ 分析。朱延明等人运用第二代转录组测序技术对野生大豆在碱胁迫下的转录组进行测序,并获得碱胁迫下的差异表达基因。这些对基因组或转录组的深入研究极大地推动了碱胁迫分子机制的研究。在植物生理方面,研究人员以水稻为材料,分析了在不同 pH 值的 $NaHCO_3$ 胁迫处理下水稻幼苗的鲜重、蛋白质含量、MDA(丙二醛)含量及根系活力变化,实验结果表明,在 $NaHCO_3$ 胁迫下,水稻根系生长受到严重抑制,并且鲜重减少、脯氨酸大量积累等。研究表明,*APX*、*PEPase*、$H^+ - ATPase$、*NADP* 等基因积极响应碳酸盐逆境。在分子机制研究方面,郭岩等人利用模式植物拟南芥发现了一条碱胁迫信号传导通路,即 SCaBP1 – PKS5/24 – AHA2 信号传导通路(图 1 – 2)。*GsTIFY*10、$H^+ - pyrophosphatase$ 基因以及 14 – 3 – 3 蛋白已被证明能提高植物对碱胁迫的耐受性。但是对碱胁迫的研究远没有盐胁迫那么深入,且大多集中在模式植物中,因此对于植物的碱胁迫响应分子机制的研究具有重要的意义。

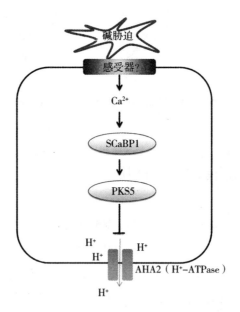

图 1 – 2　SCaBP1 – PKS5/24 – AHA2 信号传导通路(部分)

1.2.1.4　野生大豆在耐盐碱资源中的利用与发展

挖掘耐盐碱功能显著基因,培育耐盐碱植物是很多科研工作者的研究方向。选择优良的耐盐碱基因供体是获得耐盐碱功能基因的关键。因此,通过选择耐盐碱胁迫植物资源如野生大豆、西伯利亚蓼、星星草、毛桎柳等,同时利用基因芯片、转录组测序、sRNA 测序等手段并结合生物信息学方法,构建基因调控网路,挖掘并发现新的耐盐碱功能显著基因,对植物育种及提高产量具有重要的意义。

野生大豆是大豆(*Glycine max*)的野生近缘种,其生长习性独特,地理分布仅限于东亚中北部地区。我国具有丰富的野生大豆种质资源,从 1978 年开始,我国研究人员便开始对野生大豆种质资源进行调查收集以及遗传多样性研究分析,调查统计表明,除新疆维吾尔自治区、海南省和青海省外,其余省份均发现不同种质的野生大豆,目前已收集到 7 000 余种,占全世界野生大豆种类的90% 左右。在自然条件下,野生大豆未受到人为影响,保留着丰富的遗传多样性,因此含有极其丰富的耐盐碱功能基因资源。野生大豆在经历长期的自然选择后形成了丰富的遗传多样性,具有含硫氨基酸含量高、抗逆性强、抗病虫害等优良性状。

研究表明野生大豆具有极强的耐逆能力,对比栽培大豆和野生大豆在干旱胁迫和盐胁迫条件下的生长情况,发现野生大豆相对于栽培大豆具有较强耐盐性和抗旱性。近年来,国内外研究者从多个方面,如生态学、遗传育种、分子生物学和结构植物学等方面,对野生大豆进行了系统研究,并且在野生大豆耐逆生理和分子机制研究方面取得了一定进展。在耐盐性方面,研究者发现野生大豆可能存在两种耐盐机制,即高耐受性和低吸收性,如陆静梅等人在盐碱滩地上采集野生大豆材料,利用扫描电镜技术观察,发现了野生大豆茎叶表面具有一种呈圆球形、体积大小不等的腺体结构,认为这是野生大豆的盐腺,并可能在泌盐过程中起着重要的作用。周三等人对野生大豆盐腺又进行了较深入的研究,发现野生大豆的具有盐囊泡的形态结构的腺毛有较强的积累 Na^+ 的能力。朱延明等人在吉林省的重度盐碱地采集了 345 份野生大豆材料,从中筛选出了耐盐碱能力最强的株系(G07256),作为耐盐碱机制研究及耐盐碱基因挖掘的理想供体材料,完成了碱胁迫下野生大豆 G07256 的转录组测序,并筛选出了*GsTIFY*10*a*、*GsGST*14 等具有显著耐碱功能的基因。

目前,韩国科学家采用全基因组鸟枪法与第二代基因组测序技术,完成了对野生大豆基因组的测序工作。中国科学家运用第二代基因组测序技术对 17株野生大豆全基因组重测序。笔者所在实验室利用前期筛选出的野生大豆株系,完成了其在盐碱胁迫下的转录组测序、miRNA 测序等,并构建了盐碱胁迫基因调控表达网络。这些研究将极大推动野生大豆在耐盐碱方面的研究,并为耐盐碱基因挖掘及种质资源筛选提供重要的理论支撑。

1.2.2 AP2/ERF 转录因子的研究进展

1.2.2.1 AP2/ERF 转录因子的分类及简介

AP2/ERF 是一类数量庞大的转录因子,其家族成员均含有由 60～70 个氨基酸组成的 AP2 保守结构域。AP2/ERF 转录因子广泛参与植物的生长发育、激素信号传导、生物胁迫与非生物胁迫的响应。AP2/ERF 转录因子占植物转录因子总数比例较大,且不同的物种含有的数量不同,如在拟南芥与葡萄中,分别含有 166 个与 145 个 AP2/ERF 转录因子,在大豆与玉米中分别含有 381 个与 330 个 AP2/ERF 转录因子。

在拟南芥中,根据 AP2/ERF 转录因子氨基酸序列的相似性及结构域的不同,将其分为 4 大类,分别为 ERF、DREB、AP2 与 RAV 亚家族。其中,ERF 与 DREB 又分为 6 个亚家族,分别为 ERF B1～B6 与 DREB A1～A6(图 1 - 3)。ERF 与 DREB 都含有一个保守的 AP2 结构域,其区别在于 ERF 的 AP2 结构域第 14 位与第 19 位氨基酸残基为丙氨酸和天冬氨酸,而 DREB 的 AP2 结构域第 14 位与第 19 位氨基酸残基为缬氨酸和谷氨酸。AP2 亚家族含有 2 个保守的 AP2 结构域,RAV 亚家族则分别含有 1 个 AP2 与 1 个 B3 保守结构域。

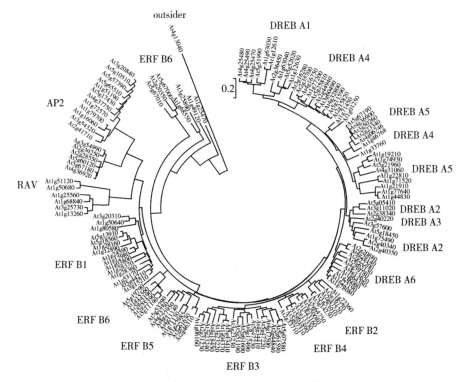

图 1-3 拟南芥 AP2/ERF 转录因子家族的进化树分析

1.2.2.2　ERF 类转录因子在非生物胁迫中的研究进展

研究表明,ERF 亚家族成员是各种逆境信号传导通路中的交叉因子,在植物响应逆境胁迫中起着重要的作用。非生物胁迫能诱导植物体内水杨酸（SA）、乙烯（ET）或茉莉酸（JA）等激素的合成及相关信号途径的传导,如图 1-4 所示。当植物体内乙烯含量增高,ERF 转录因子与乙烯的结合导致其受体和 CTR1 蛋白失活,EIN2 脱乙酰化,分裂的 EIN2-C（CEND）转运进入细胞核并参与 EIN3/EIL1 的稳定和积累,诱导 ERF1 和其他 ERF 转录因子结合 GCC box（TAAGAGCCGCC）,在植物响应胁迫过程中发挥作用。

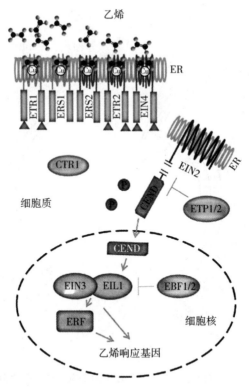

图 1 - 4　ERF 转录因子参与的乙烯信号模型

同时,在非生物胁迫下,ERF 转录因子参与乙烯依赖与非依赖的信号传导途径(图 1 - 5)。如在乙烯依赖的信号传导途径中,当植物细胞受到外界非生物胁迫时,细胞内乙烯含量升高,乙烯通过激活 *ERF*1 基因的表达,进一步调控下游的胁迫相关基因的表达,进而促使植物细胞产生胁迫响应;另外,在乙烯非依赖的信号传导途径中,通过 MAPKKK - MKK4/MKK5 - MPK6/MPK3 级联放大反应激活 *ERF*6 基因的表达,并使其磷酸化,活化的 ERF6 转录因子调控下游的相关基因的表达,进而促使植物细胞产生胁迫响应。

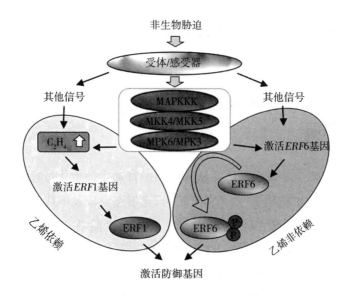

图 1-5　ERF 转录因子参与乙烯依赖与非依赖的信号传导途径

在大豆中,ERF 类家族成员 *GmERF*057 基因受乙烯、水杨酸、脱落酸、干旱和盐的胁迫诱导表达,*GmERF*057 基因超量表达能增强烟草对盐胁迫的耐受性。*GmERF*3 基因在生物胁迫、非生物胁迫及植物激素胁迫下均能诱导表达,表明该基因可能是不同信号传导通路的交叉因子。拟南芥中的 *AtERF*6 基因通过乙烯非依赖途径参与 MAPK 信号传导途径以响应胁迫信号。水稻的 *OsERF*71基因能调控细胞壁的松弛度,调节木质素生物合成基因的表达以提高对干旱的耐受性。本书中的 *GsERF*71 基因已被证明能积极响应盐碱胁迫,*GsERF*71基因超量表达的拟南芥植株对碱的耐受性提高,但 *GsERF*71 基因参与碱胁迫响应的作用机制尚未研究,因此,本书将对其可能参与的耐碱信号途径进行探讨分析。

1.2.3　植物泛素/26S 蛋白酶体降解途径的研究进展

1.2.3.1　植物泛素/26S 蛋白酶体的组成及在非生物胁迫中的研究进展

植物的泛素/26S 蛋白酶体在植物生长发育和生理生化过程中起着重要的作用,如参与植物细胞周期、激素信号传送、光形态建成及响应生物胁迫与非生物胁迫等。植物的泛素/26S 蛋白酶体主要由泛素激活酶(E1)、泛素结合酶(E2)、泛素连接酶(E3)及 26S 蛋白酶体组成。其中,E3 主要由 RING/U-box 及 HECT 家族成员组成。泛素/26S 蛋白酶体的降解途径(图 1-6),首先开始于泛素被 ATP 激活,底物通过硫酯键连接到 E1,随后转移到 E2,底物再次由 E2 转移到 RING/U-box、APC 或 SCF E3,最终,将泛素转移至底物上,通过 26S 蛋白酶体降解底物蛋白。

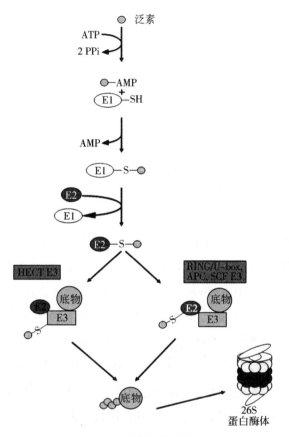

图 1-6　泛素/26S 蛋白酶体降解途径

　　非生物胁迫(如高温、高盐、干旱与重金属)会造成植物细胞的损伤、蛋白质空间结构的变化、各种异常蛋白质的积累等,最终破坏细胞的正常新陈代谢与生长发育,而泛素/26S 蛋白酶体降解途径能迅速清除细胞积累的异常蛋白质,对维护细胞正常的代谢及稳定具有重要的作用。目前,已鉴定出大量泛素/26S 蛋白酶体降解途径中的相关酶对非生物胁迫的积极响应,如番茄的 E2 型 *LeUBC*1基因积极响应重金属及热激反应的诱导表达,拟南芥中的 RING finger 蛋白基因 *AtAIRP*1/2 与 *AtRHA*2*a*/2*b* 能提高植物对干旱胁迫的耐受性。

1.2.3.2　RING E3 的研究进展

　　RING E3 是一类 RING finger 锌指蛋白,主要通过泛素化途径参与植物的代谢途径。RING finger 锌指蛋白具有独特的环指结构域,其保守的氨基酸序列为 Cys – X2 – Cys – X(9 – 39) – Cys – X(1 – 3) – His – X(2 – 3) – Cys/His – X2 – Cys – X –(4 – 48) – Cys – X2 – Cys,能与锌离子结合。在水稻中,RING finger 锌指蛋白共鉴定出了 488 个家族成员,其主要分为 C3HC4 与 C3H2C3 两个亚家族,它们的区别在于共有的保守序列中第 5 位配位是半胱氨酸或组氨酸。

RING finger 锌指蛋白一般具有 E3 活性,能与 E2 特异性结合,并通过单泛素化或多泛素化修饰底物蛋白,参与底物蛋白降解,在植物细胞生理生化过程中起着重要的作用。当然,也有研究表明一些 RING finger 锌指蛋白在基因转录调控等方面起着重要的作用。RING finger 锌指蛋白已被证明广泛参与植物响应非生物胁迫与激素信号传导途径,如拟南芥的 *AtAIRP*1 基因是筛选 ABA 不敏感突变体时鉴定的 RING finger 锌指蛋白基因。超量表达 *AtAIRP*1 基因能提高植株对 ABA 的敏感性及干旱的耐受性。研究人员发现了 9 个水稻 C3HC4 型 RING finger 锌指蛋白受盐胁迫诱导表达量增加。研究表明,拟南芥的 *AtSAP*5 基因具有 E3 活性,在拟南芥中超量表达验证出该基因可能通过 ABA 依赖与非依赖的交叉作用表现出植物对盐胁迫的耐受性。目前,RING finger 锌指蛋白在非生物胁迫中的作用被持续关注,但其作用机制仍需进一步研究。

1.2.4 Sm – like/Sm 类蛋白的研究进展

Sm – like(LSm)类蛋白是一类非常保守的小核糖核蛋白,其与哺乳动物中的蛋白质具有高度的相似性,在植物中无论是氨基酸功能或蛋白质功能都具有高度的保守性,其在前体 RNA 剪切中起着重要的作用。LSm1 – 7 七聚体是细胞质复合物,它在真核生物中具有高度保守性,能从 5′端到 3′端降解 RNA。LSm2 – 8 七聚体主要位于细胞核中,该复合物能直接并稳定结合 snRNA 3′端的多聚尿嘧啶,形成 U6 小核糖核蛋白,在 mRNA 前体剪切中起着重要的作用。在拟南芥中 SAD1 能直接与两个亚基 LSm6、LSm7 相互作用,是 LSm2 – 8 七聚体的重要组成部分。研究表明,SAD1 能与其他蛋白质如 LSm8 互作,降低 U6 小核糖核蛋白的稳定性,从而导致拟南芥中前体 mRNA 内含子的保留。SAD1 与其他蛋白质互作对前体 mRNA 剪切位点的选择,以及超量表达 LSm 类蛋白对剪切效率和准确性的影响,还有待进一步研究。目前,LSm 类蛋白已被广泛研究,它作为 RNA 伴侣通过影响 mRNA 的翻译调节基因表达。在植物中,目前仅有拟南芥的 SAD1 被报道与非生物胁迫有关,拟南芥 *SAD1* 基因突变能提高植株对干旱及 ABA 胁迫的敏感性,并影响拟南芥根的生长。

Sm 类蛋白与 LSm 类蛋白有高度的同源性。SMD 属于 Sm 蛋白家族成员,含有保守的 Sm-1 结构域,是一类非常保守的小核糖核蛋白,其与哺乳动物中的小核糖核蛋白具有高度的相似性。Sm 类蛋白可从细胞核提取物的蛋白质-RNA 复合物中提取出来,其可以组装成含有 6 个或 7 个单体的同型或异型环。已有研究表明,SMD 蛋白能与几种 snRNA 结合,共同参与 RNA 的剪切过程。同时一些研究表明,SMD 蛋白具有不同的底物特异性,其能通过结合特定的 RNA,改变它们的结构并影响 RNA 与其他 RNA 或蛋白质的互作。因此根据 Sm 类蛋白的特定组合可以确定其结合 RNA 特异性,这表明它们在蛋白质-RNA 复合物中具有潜在功能多样性。目前,Sm 类蛋白已在原核生物中进行了广泛的研究,它可作为 RNA 伴侣通过影响多腺苷酸化或 mRNA 翻译的方式调节基因表达。在真核生物中,Sm 类蛋白家族成员参与了 RNA 的加工及 snRNP 复合物的形成。如 CAR-1 这种具有 Sm 结构域的 RNA 结合蛋白能与保守的解旋酶 CGH-1 互作,调节特定的秀丽隐杆线虫胚胎胞质分裂相关 RNA。在植物中,Sm 类蛋白的相关研究较少,生物信息学分析表明拟南芥中含有 42 个 Sm 类蛋白。目前研究仅发现 SMD3 与 SMD1 蛋白在拟南芥生长发育中起着重要的作用。最新研究表明,SMD1 蛋白在植物响应非生物胁迫方面起着重要的作用。

1.3 本书的主要内容及技术路线

本书利用野生大豆碱胁迫转录组测序筛选的耐碱基因 *GsERF71*,通过构建野生大豆盐碱胁迫下的酵母双杂交 cDNA 文库,筛选并获得与 GsERF71 转录因子互作的蛋白质 GsCHYR4、GsCHYR16、GsERF71 与 GsSNRP;通过酵母双杂交与双分子荧光互补实验确定了 GsERF71 能与 GsCHYR4、GsCHYR16 及 GsERF71 互作,明确了 GsERF71 与 GsCHYR16 互作的最小结构域;进一步验证了 *GsERF71* 基因对碱胁迫的耐受性,并分析了 GsERF71 蛋白在植物体内及体外的稳定性；分析了 *GsCHYR*4 与 *GsCHYR*16 基因在碱胁迫下的表达模式及在野生大豆中的组织定位、GsCHYR4 与 GsCHYR16 蛋白的亚细胞定位；通过发根农杆菌介导的大豆毛状根转化系统，对拟南芥 *GsCHYR*1、*GsCHYR*7 基因突变体进行鉴定，对 *GsCHYR*4 与 *GsCHYR*16 基因进行了耐碱性分析；通过分析拟南芥 *GsCHYR*1、*GsCHYR*7 基因突变体在碱胁迫下的生理指标及 Marker 基因的表达特性，进一步确定了 *GsCHYR*4 与 *GsCHYR*16 基因对碱胁迫的响应，初步阐明了响应碱胁迫的分子机制；同时在酵母体内验证了 GsERF71 与 GsSNRP 蛋白的互用，确定了 GsSNRP 蛋白的亚细胞定位，并对 *GsSm* 基因家族进行了初步的生物信息学分析。本书的技术路线如图 1–7 所示。

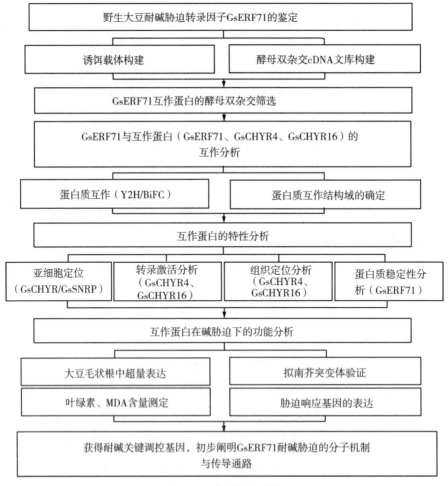

图 1–7　本书技术路线

2 实验材料与方法

2.1　实验材料

2.1.1　植物材料

东北野生大豆株系 G07256、拟南芥哥伦比亚生态型(Col－0)、栽培大豆 DN50、本氏烟草种子等,均由笔者所在实验室保存。拟南芥突变体 SALK_ 117324、SALK_121863。

2.1.2　菌株与质粒

大肠杆菌(*Escherichia coli*)感受态细胞 DH5α、根癌农杆菌(*Agrobacterium tumefaciens*)感受态细胞 LBA4404、发根农杆菌 K599 由东北农业大学农学院惠赠。酿酒酵母(*Saccharomyces cerevisiae*)Y187、AH109、HF7C。

酵母双杂交 cDNA 文库构建载体 pGADT7－Rec、酵母双杂交表达载体 pGADT7 与 pGBKT7、亚细胞定位载体 pCAMBIA－1302、植物蛋白瞬时表达载体 HBT－HA、植物表达载体 pCB302,均由笔者所在实验室保存。双分子荧光互补载体 pA7－YFPN、pA7－YFPC、pBiFCt－2in1－CC,均由黑龙江八一农垦大学孙晓丽老师惠赠。

2.1.3　试剂、培养基与仪器

2.1.3.1　试剂

植物总 RNA 提取试剂盒,反转录试剂盒(M－MLV,RNaseH),Real－time PCR 试剂盒。

PCR 及电泳相关试剂:DNA 聚合酶、DNA Marker DL 2000、DNA Marker DL

5000、DNA Marker DL 10000 等。

酵母实验相关试剂:酵母双杂交 cDNA 文库构建试剂盒、酵母培养基、缺素培养基、酵母转化试剂盒等。

抗生素:链霉素、庆大霉素等。其他试剂均为生物学常规试剂。

2.1.3.2 培养基

大肠杆菌培养基(LB 培养基,500 mL):蛋白胨 5 g、酵母提取物 2.5 g、NaCl 5 g、琼脂 7.5 g(固体 LB 培养基),pH = 7.0。

农杆菌培养基(YEB 培养基,500 mL):牛肉膏 2.5 g、酵母提取物 0.5 g、蛋白胨 2.5 g、蔗糖 2.5 g、$MgSO_4$ 0.247 g、琼脂 7.5 g(固体 YEB 培养基),pH = 7.0。

酵母培养基(YPDA 培养基,500 mL):蛋白胨 10 g、酵母提取物 5 g、葡萄糖 10 g、琼脂 10 g(固体 YPDA 培养基),pH = 6.5。

酵母筛选培养基(SD 培养基,500 mL):YNB(非氮源)3.35 g、葡萄糖 10 g、琼脂 10 g(固体 SD 培养基),pH = 5.8。

拟南芥培养基(1/2MS 培养基,500 mL):无机盐(MS - A:950 mg/L KNO_3、800 mg/L NH_4NO_3。MS - B:0.135 mg/L $CuSO_4$、4.5 mg/L $ZnSO_4$、200 mg/L $MgSO_4$、13 mg/L $MnSO_4$。MS - C:220 mg/L $CaCl_2$、0.012 5 mg/L $CoCl_2$。MS - D:3.2 mg/L H_3BO_3、85 mg/L KH_2PO_3、0.125 mg/L Na_2MoO_4。MS - E:38 mg/L Na - EDTA、27.8 mg/L $FeSO_4$)。蔗糖 15 g、琼脂 4 g(固体 1/2 MS 培养基),每 500 mL 培养基中加 5 mL MS - A、5 mL MS - B、5 mL MS - C、5 mL MS - D、10 mL MS - E,pH = 5.8。

大豆培养液(B&D 培养液):溶液 A(2 mol/L $CaCl_2$),溶液 B(1 mol/L KH_2PO_4),溶液 C(20 mmol/L 柠檬酸铁),溶液 D(0.5 mol/L $MgSO_4$、0.5 mol/L K_2SO_4、2 mmol/L $MnSO_4$、4 mmol/L H_3BO_4、1 mmol/L $ZnSO_4$、4 mmol/L $CuSO_4$、0.2 mmol/L $CoSO_4$、0.2 mmol/L Na_2MoO_4),每 500 mL 培养液中各加入 1 mL 溶液 A、B、C、D。

野生大豆培养液(1/4Hoagland,1 L):945 mg/L $Ca_2NO_3 \cdot 4H_2O$、506 mg/L KNO_3、80 mg/L NH_4NO_3、136 mg/L KH_2PO_3、493 mg/L $MgSO_4$,2.5 mL 铁盐溶

液、5 mL 微量元素溶液,pH = 6.0。

2.1.3.3　主要仪器设备

荧光定量 PCR 仪、低温高速离心机、PCR 仪、电泳槽、凝胶成像系统、紫外分光光度计、智能型人工气候培养箱等。

2.1.4　生物信息学数据库与软件

基因引物设计软件:Primer Premier 5.0。

基因系统发育树分析软件:MEGA 5.0。

基因表达聚类树分析软件:TM4:MeV 4.3。

氨基酸序列多重比对软件:Clustal X。

植物基因组数据库:Phytozome。

蛋白质比对数据库:NCBI。

基因结构分析网站:GSDS。

蛋白质结构域分析网站:MEME。

2.1.5　GsERF71 转录因子的选择

笔者所在实验室前期在野生大豆株系 G07256 中挖掘出了具有自主知识产权的盐碱胁迫响应基因 *GsERF71*,超量表达 *GsERF71* 基因可显著提高植株对碱胁迫的耐受性,该基因在碱胁迫下能够减少生长素在根中的积累,且该基因能显著调控细胞内与 pH 值相关的 $H^+ - ATPase$ 的表达。并且,已有研究表明 ERF 类转录因子在植物响应非生物胁迫中起着重要的作用,可能是多种胁迫信号传导途径的交叉因子。我们选择 GsERF71 转录因子,研究其在碱胁迫下可能参与的信号传导通路与分子机制。

2.2 实验方法

2.2.1 GsERF71 互作蛋白的酵母双杂交筛选

2.2.1.1 野生大豆盐碱胁迫处理

挑选颗粒饱满的野生大豆 G07256 种子,在其种脐背面用小刀切出伤口,然后将种子放置于平皿中,加入少量蒸馏水,置于 28 ℃的培养箱中 1~2 d。待下胚轴长至 2 cm 时,将其转移到 B&D 培养液中进行培养,培养液每 3~4 d 更换一次,待 14 d 时,选取下胚轴长一致的幼苗,分别在 50 mmol/L NaHCO$_3$ 溶液(pH = 8.5)和 200 mmol/L NaCl 溶液胁迫下处理 1 h,取根于冻存管中 -80 ℃保存。

2.2.1.2 野生大豆根 RNA 的提取

首先将实验所用的研钵等器皿置于烘箱中,180 ℃烘烤 4~6 h,离心机与实验操作台面等用 RNase 固相清除剂处理,防止 RNA 酶污染。

①称取 100 mg 冻存的野生大豆根,在液氮中研磨成粉末,移入 2 mL 离心管中。

②迅速加入 600 μL Buffer BB6(每 1 mL Buffer BB6 中加入 10 μL 巯基乙醇),涡旋混匀,56 ℃温育 1~3 min,用以裂解细胞。

③12 000×g 离心 2 min,将上清液移到新的离心管中。

④加入 1/2 体积的无水乙醇,混匀。

⑤将得到的溶液加入离心柱中,12 000×g 离心 30 s,弃掉流液。

⑥加 500 μL CB6 溶液,12 000×g 离心 30 s,弃掉流液。

⑦加入 80~100 μL 的 DNase I 工作液,室温放置 15~30 min。

⑧重复步骤⑤一次。

⑨加入 500 μL WB6 溶液,12 000 × g 离心 30 s,弃掉流液。

⑩重复步骤⑥一次。

⑪在室温下 12 000 × g 离心 2 min,室温下静置数分钟后晾干离心柱,确保残余乙醇挥发完全。

⑫加 30 ~ 50 μL ddH₂O 到离心柱中,静置 1 min。

⑬12 000 × g 离心 2 min,洗脱 RNA。

⑭将 RNA 于 - 80 ℃保存。

2.2.1.3 野生大豆盐碱胁迫 cDNA 文库的构建

取高质量的总 RNA 2 μL 于微量离心管中,加入 CDS Ⅲ、SMART Ⅲ – modified Oligo、DNTP 混合物、SMART M – MLV 等,在 PCR 仪中进行 cDNA 第一条链的合成。

SMART Ⅲ modified Oligo:5′ – AAGCAGTGGTATCAACGCAGAGTGGCCAT-TATGGCCGGG – 3′

CDS Ⅲ:5′ – ATTCTAGAGGCCGAGGCGGCCGACATG – d（T）30VN – 3′

通过长距离 PCR(LD – PCR)的方法合成 ds cDNA,PCR 扩增的最优循环数为 26 个循环。

上游引物:5′ – TTCCACCCAAGCAGTGGTATCAACGCAGAGTGG – 3′

下游引物:5′ – GTATCGATGCCCACCCTCTAGAGGCCGAGGCGGCCGACA – 3′

PCR 扩增体系:2 μL cDNA 第一链,10 μL 10 × PCR 缓冲液,2 μL 50 × dNTP 混合物,2 μL 上游引物,2 μL 下游引物,10 μL 10 × 溶解液,2 μL 50 × 聚合酶混合物,70 μL ddH₂O。

得到不少于 4 μg 的 ds cDNA,于纯化柱中去除小于 500 bp 的片段,回收大片段,用于酵母双杂交 cDNA 文库的构建。

2.2.1.4　野生大豆酵母双杂交 cDNA 文库的构建

（1）酵母感受态细胞的制备

①挑取酵母 Y187 单菌落置于 5 mL YPDA 液体培养基中,于 30 ℃摇床中 220 r/min 培养 8~12 h。

②吸取 1 mL 菌液置于 50 mL YPDA 液体培养基中,于 30 ℃摇床中 220 r/min 培养至 OD_{600} = 0.3~0.4。

③将菌液置于 50 mL 离心管中,室温下 700×g 离心 5 min,去掉上清液,加入 30 mL 无菌水重悬菌体。

④室温下 700×g 离心 5 min 后,去掉上清液,加入 1.5 mL 1.1×TE/LiAc 溶液。

⑤瞬时离心后去掉上清液,加入 600 μL 1.1×TE/LiAc 溶液,重悬菌体并在冰水混合浴中保存。

（2）cDNA 文库对酵母感受态细胞的转化

①取纯化的 ds cDNA 4 μg、pGADT7 - Rec 6 μL(0.5 μg/μL)与鲑鱼精 DNA 充分混匀,加入制备的酵母感受态细胞中,轻柔混匀。

②加入配制好的 PEG/LiAc 溶液,轻柔混匀。

③30 ℃孵育 45 min(每 15 min 混匀一次)。

④加入 160 μL DMSO 溶液。

⑤42 ℃孵育 15 min(每 5 min 混匀一次)。

⑥瞬时离心后去掉上清液,加 3 mL YPDA 液体培养基孵育 1 h。

⑦瞬时离心后去掉上清液,重悬于 10 mL 0.9% NaCl 溶液中,涂布于 SD/ - Leu 固体培养基中,大约使用 100 个平皿,30 ℃培养 3 d。

文库库容的确定及文库插入效率的检测:取 100 μL 重悬的酵母,分别稀释 10 倍与 100 倍,铺板于 SD/ - Leu 固体培养基中,30 ℃培养 3 d 后统计文库库容。若文库的独立克隆大于 $1×10^6$ 个,则文库质量基本符合建库要求;同时,随机挑选 20 个独立菌落,用构建文库所用的引物进行 PCR 扩增,检测 PCR 片段的大小及数量,确定插入片段的质量是否符合文库构建要求。

如文库质量符合建库要求,酵母培养 3 d 后,将平皿置于 4 ℃培养,每个平皿中分别加入 4 ~ 5 mL 冻存液,用无菌的玻璃珠分离出菌落,并将分离的所有液体收集到无菌管中,用血球计数板计算酵母浓度。当酵母浓度大于每毫升 2×10^7 个时,将每 1 mL 酵母分装于离心管中,存储于 - 80 ℃。

2.2.1.5　*GsERF*71 基因诱饵表达载体的构建

根据 *GsERF*71N(*GsERF*71 基因的 N 端序列)的基因序列,设计基因特异性引物,并在引物上分别添加 *Nde* I 与 *Eco*R I 酶切位点,引物序列如下:5′ - GG-TATTCCATATGTGTGGCGGTGCCATCATC - 3′ 和 5′ - GGAATTCGGGGAAATTCA-CCTTAGCCTTT - 3′。PCR 扩增 *GsERF*71N 基因,回收片段后进行双酶切,与 pGBKT7 连接,并送交相关实验室测序。

利用 PEG/LiAc 法将重组的 pGBKT7 - GsERF71N 诱饵表达载体转化到 HF7C 酵母中,用于互作蛋白的筛选。

2.2.1.6　互作蛋白的酵母双杂交筛选及验证

(1)筛选

Y187 酵母为 α 型,诱饵表达载体转化的 HF7C 酵母为 a 型,利用不同类型酵母能相互融合形成接合子的方法,将含有诱饵表达载体的 HF7C 酵母与 Y187 酵母以 3:1 的比例混匀,涂布在尼龙膜上,并在 YPDA 固体培养基中培养 4.5 ~ 6 h,显微镜下观察是否出现酵母相互融合成形状类似于花生或 T 形的接合子,若在显微镜下观察时每个视野出现 3 ~ 6 个接合子,则表明酵母融合较好,收集酵母并涂布至 SD/ - Leu - Trp - His 筛选培养基上筛选阳性菌。同时,分别取 1 μL 重悬酵母涂布于 SD/ - Leu、SD/ - Trp、SD/ - Leu - Trp 培养基上,统计接合子数量,若达到 1×10^6 个,则表明符合互作蛋白筛选的要求。

(2)验证

提取在 SD/ - Leu - Trp - His 培养基上得到的阳性菌质粒,扩繁后送交测序,通过 Blast 序列比对分析确定与载体片段融合正确的互作蛋白,并再次转化到 AH109 酵母中进行回转验证。将回转验证正确的蛋白质通过大豆数据库 Phytozome 比对,搜索同源基因注释信息,确定候选互作蛋白,用于下一步研究。

2.2.1.7　互作蛋白编码基因的克隆

根据互作蛋白在大豆中的同源基因的序列设计 PCR 引物,以野生大豆总 cDNA 为模板,PCR 扩增目的基因,将 PCR 产物回收并送交测序,确定互作蛋白在野生大豆中的基因序列,其中与自身形成二聚体的 *GsERF*71 基因已克隆完成。通过对互作蛋白的分析,挑选感兴趣的蛋白质用于下一步研究。互作蛋白的 PCR 引物如下所示:

*GsCHYR*4 上游引物:5′ – ATGGGAGAGGTGGCAGTAATGCATT – 3′
*GsCHYR*4 下游引物:5′ – GCCTCTTGTTTCCCGTGTGTT – 3′
*GsCHYR*16 上游引物:5′ – ATGGGAGAAGTGGCAGTAATGCACTC – 3′
*GsCHYR*16 下游引物:5′ – CTGTTTGTCGTGTATTGTAGGATTTG – 3′
GsSNRP 上游引物:5′ – ATGAAGCTCGTCAGGTTTCTGATG – 3′
GsSNRP 下游引物:5′ – CACGACCACGACCACGGCCAC – 3′

2.2.1.8　互作蛋白基因的生物信息学分析

采用蛋白质比对数据库 NCBI 分析互作蛋白的保守结构域,植物基因组数据库 Phytozome 查找互作蛋白的基因家族,MEME 预测互作蛋白基因家族的蛋白质分子质量及等电点,MEGA 5.0 分析互作蛋白基因家族的进化关系,GSDS 分析互作蛋白基因家族的基因结构关系,TM4:MeV 4.3 对互作蛋白基因家族在碱胁迫下的表达量进行分析聚类。

2.2.2　酵母双杂交验证蛋白互作

2.2.2.1　酵母双杂交表达载体的构建

根据互作蛋白的基因序列以及酵母双杂交表达载体 pGADT7 上的多克隆位点,设计带酶切位点的特异性引物,PCR 扩增目的基因,双酶切后与 pGADT7

连接,转化大肠杆菌感受态细胞,扩繁重组载体,酶切鉴定及测序验证。PCR 引物如下所示:

*GsCHYR*4 上游引物:5′ — GGTATTCCATATGGGAGAGGTGGCAGTAATGCATT — 3′

*GsCHYR*4 下游引物:5′ — GGAATTCGCCTCTTGTTTCCCGTGTGTT — 3′

*GsCHYR*16 上游引物:5′ — GGTATTCCATATGGGAGAAGTGGCAGTAAT-GCACTC — 3′

*GsCHYR*16 下游引物:5′ — GGAATTCCTGTTTGTCGTGTATTGTAGGATTTG — 3′

*GsERF*71N 上游引物:5′ — GGTATTCCATATGTGTGGCGGTGCCATCATC — 3′

*GsERF*71N 下游引物:5′ — GGAATTCGGGGAAATTCACCTTAGCCTTT — 3′

GsSNRP 上游引物:5′ — GCTCTAGAATGAAGCTCGTCAGGTTTCTGAT — 3′

GsSNRP 下游引物:5′ — AACTGCAGTTAACGACCACGACCACGGCCACGC — 3′

2.2.2.2　酵母共转化及阳性克隆的确定

利用 PEG/LiAc 法将互作蛋白载体与酵母表达载体共转化于 AH109 酵母细胞中,并涂布于 SD/ – Leu – Trp 培养基中,30 ℃培养 3 d 后用 PCR 鉴定获得的阳性菌。

2.2.2.3　重组酵母在选择培养基上的生长状态分析

将鉴定的阳性酵母用 SD/ – Leu – Trp 液体培养基活化至 $OD_{600} = 0.3$,按 1:10、1:100 比例用 0.9% NaCl 溶液稀释,分别取 1 μL 菌液点于 SD/ – Leu – Trp、SD/ – Leu – Trp – His、SD/ – Leu – Trp – His + 不同浓度 3 – AT(3 – 氨基 – 1,2,4 – 三唑)固体培养基中,30 ℃培养3 ~ 5 d 后观察酵母的生长情况,拍照。

2.2.3 双分子荧光互补实验验证蛋白相互作用

2.2.3.1 互作蛋白瞬时表达载体的构建

采用 pA7 - YFPN 和 pA7 - YFPC 作为验证 GsERF71 蛋白自身互作的植物瞬时表达载体。根据 pA7 载体的多克隆位点,设计含酶切位点的 *GsERF71* 基因上游、下游引物,下游引物去除自身的终止密码子。PCR 扩增基因片段,双酶切后分别与 pA7 - YFPN、pA7 - YFPC 连接,转化大肠杆菌感受态细胞,扩繁重组载体,酶切鉴定及测序验证。PCR 引物如下所示:

*GsERF*71 上游引物:5′ - <u>CCGCTCGAG</u>ATGTGTGGCGGTGCCATC - 3′

*GsERF*71 下游引物:5′ - <u>GGACTAGT</u>ATCGAAACTCCAGAGATCCC - 3′

采用植物表达载体系统验证植物瞬时表达载体。根据载体 pDONR221 上的序列,设计目的基因的上游、下游引物。PCR 扩增目的基因片段,分别与 pDONR221 连接,转化大肠杆菌感受态细胞,并扩繁重组载体,测序验证。将 pDONR221 - GsERF71 - P2P3、pDONR221 - GsCHYR4 - P1P4 与 pBiFCt - 2in1 - CC 载体重组,将 pDONR221 - GsERF71 - P2P3、pDONR221 - GsCHYR16 - P1P4 与 pBiFCt - 2in1 - CC 载体重组,得到目的基因的植物瞬时表达载体,并转化大肠杆菌感受态细胞,PCR 检测阳性菌。具体操作步骤见附录。

PCR 引物如下所示:

*GsERF*71 - attb3:5′ - <u>GGGGACAACTTTGTATAATAAAGTTGGA</u>ATGTGTGG-CGGTGCCATC - 3′

*GsERF*71 - attb2:5′ - <u>GGGGACCACTTTGTACAAGAAAGCTGGGT</u>GATCGAA-ACTCCAGAGATCCCC - 3′

*GsCHYR*4 - attb1:5′ - <u>GGGGACAAGTTTGTACAAAAAAGCAGGCTTA</u>ATGG-GAGAGGTGGCAGTAATG - 3′

*GsCHYR*4 - attb4:5′ - <u>GGGGACAACTTTGTATAGAAAAGTTGGGT</u>GGCCTCT-TGTTTCCCGTGTGT - 3′

*GsCHYR*16 - attb1:5′ - <u>GGGGACAAGTTTGTACAAAAAAGCAGGCTTA</u>ATGG-

GAGAAGTGGCAGTAATGC – 3′

*GsCHYR*16 – attb4：5′ – GGGGACAACTTTGTATAGAAAAGTTGGGTGTGTT-
TGTCGTGTATTGTAGGATTTG – 3′

2.2.3.2　拟南芥的种植及原生质体的分离与转化

将拟南芥种子装于 2 mL 灭菌管中,加入次氯酸钠消毒液,震荡 5 ~ 7 min
后,用无菌双蒸水洗 6 ~ 8 遍,置于 4 ℃春化处理 3 ~ 5 d,播种于普通土壤:蛭
石 = 1:1 的混合土中。培养条件:光周期 16 h/8 h(光照/黑暗),温度 20 ~
22 ℃,相对湿度 60% ~ 80%。

取生长至 3 周左右的拟南芥叶片分离原生质体。将叶片切成宽 0.5 ~
1 mm左右的条状,放入酶解液中真空抽提 30 min,黑暗条件下反应 3 h,过滤原
生质体。采用 PEG 法,将 2.2.3.1 中构建的载体转化原生质体,将转化的原生
质体在弱光下培养 13 h。原生质体的分离与转化的详细步骤参见附录。

2.2.3.3　YFP 荧光信号观察

于激光共聚焦显微镜下观察培养 13 h 后的原生质体 YFP 荧光信号,激发
光波长为 515 nm。

2.2.4　GsERF71 蛋白的稳定性分析

2.2.4.1　植物瞬时表达载体的构建

根据 HBT – HA 载体的多克隆位点,设计 *GsERF*71 基因上游、下游引物,
PCR 扩增基因片段,双酶切后分别与 HBT – HA 载体连接,转化大肠杆菌感受态
细胞,扩繁重组载体,酶切鉴定及测序验证。PCR 引物如下所示:

*GsERF*71 上游引物:5′ – GGTATTCCATATGGGAGAGGTGGCAGTAATGCAT-
T – 3′

*GsERF71*下游引物:5′ – CGGAATTCACATCCATACTTCATGTATCCTCTCTC – 3′

2.2.4.2 拟南芥的种植及原生质体的分离与转化

拟南芥的种植及原生质体的分离与转化操作同 2.2.3.2,将 2.2.4.1 中构建的载体转化到原生质体中。

2.2.4.3 Western Blot 分析 GsERF71 蛋白的稳定性

将转化的拟南芥原生质体分为四组。

(1)第 1 组,在转化的拟南芥原生质体中加入 50 μmol/L MG132(蛋白酶体抑制剂),室温(20 ~ 25 ℃)培养 13 h 后,进行蛋白质的提取,对 GsERF71 蛋白进行体内稳定性分析。设未处理对照及未转化对照。

(2)第 2 组,将转化的拟南芥原生质体室温(20 ~ 25 ℃)培养 13 h 后,用 50 μmol/L MG132 分别处理 2 h、4 h,进行蛋白质的提取,对 GsERF71 蛋白进行体内稳定性分析。设未处理对照及未转化对照。

(3)第 3 组,将转化的拟南芥原生质体在室温(20 ~ 25 ℃)下培养 13 h 后,进行细胞液的提取,在 50 μmol/L MG132 分别处理细胞提取液 2 h、4 h 后,对 GsERF71 蛋白进行体外稳定性分析。设未处理对照及未转化对照。

(4)第 4 组,将转化的拟南芥原生质体在室温(20 ~ 25 ℃)下培养 13 h 后,进行细胞液的提取,在 10 mmol/L ATP 条件下分别处理细胞提取液 1 h、2 h、3 h,对 GsERF71 蛋白进行体外稳定性分析。设未处理对照及未转化对照。

植物总蛋白非变性提取方法如下:

(1)依次加入 45 mL 1 mol/L Tris – HCl、75 mL 甘油、6 g 聚乙烯吡咯烷酮,混匀后加浓盐酸调至 pH = 8.0 备用。

(2)将提取液置于冰水混合浴中预冷,加入拟南芥原生质体,移液器吹打。

(3)冰水混合浴中放置 3 ~ 4 h。

(4)12 000 r/min、4 ℃ 离心 10 min,取上清液。

(5)重复步骤(4)。

(6)取上清液,样品制备完成。

采用湿转法转移蛋白质至 PVDF 膜,Anti – HA 单克隆抗体检测 GsERF71 蛋白。Western Blot 详细操作步骤见附录。

2.2.5 酵母双杂交系统确定蛋白互作的最小结构域

2.2.5.1 酵母表达载体的构建

根据酵母表达载体 pGADT7 上的多克隆位点,设计目的基因不同片段的引物,PCR 扩增目的基因,双酶切后与 pGBKT7 连接,转化大肠杆菌感受态细胞,扩繁重组载体,酶切鉴定及测序验证。PCR 引物如下所示:

*GsCHYR*16 – *N* 上游引物:5′ – GGTATTCCATATGGGAGAGGTGGCAGTAAT-GCATT – 3′

*GsCHYR*16 – *N* 下游引物:5′ – CGGAATTCACATCCATACTTCATGTATCCTC-TCTC – 3′

*GsCHYR*16 – *C* 上游引物:5′ – GGTATTCCATATGGGAGAGGTGGCAGTAA-TGCATT – 3′

*GsCHYR*16 – *C* 下游引物:5′ – CGGAATTCATCATCATCAAAGAGCTTACACGT-C – 3′

*GsCHYR*16 – *CR* 上游引物:5′ – GGTATTCCATATGGGAGAGGTGGCAGTAA-TGCATT – 3′

*GsCHYR*16 – *CR* 下游引物:5′ – CGGAATTCCAAGCAGAGAGGGCATGCAT – 3′

*GsCHYR*16 – *RZ* 上游引物:5′ – GGTATTCCATATGGTATCTAAGGCAGTATCA-TTGCAG – 3′

*GsCHYR*16 – *RZ* 下游引物:5′ – CGGAATTCGCCTCTTGTTTCCCGTGTGTT – 3′

*GsCHYR*16 – *Z* 上游引物:5′ – GGTATTCCATATGAAGTCGGTTTGTGATATG-TCAAAG – 3′

*GsCHYR*16 – *Z* 下游引物:5′ – CGGAATTCGCCTCTTGTTTCCCGTGTGTT – 3′

2.2.5.2　酵母共转化及阳性克隆的确定

酵母共转化及阳性克隆的确定同 2.2.2.2。

2.2.5.3　重组酵母在选择培养基上的生长状态分析

将鉴定的阳性酵母用 SD/ – Leu – Trp 液体培养基活化至 $OD_{600} = 0.3$，按 1∶10、1∶100 与 1∶1 000 比例用 0.9% NaCl 溶液稀释，分别取 1 μL 菌液点于 SD/ – Leu – Trp、SD/ – Leu – Trp – His 或 SD/ – Leu – Trp – His + 10 mmol/L 3 – AT 固体培养基中，30 ℃培养 3~5 d 后观察酵母的生长情况，拍照。

2.2.6　互作蛋白编码基因在碱胁迫下的表达模式分析

2.2.6.1　野生大豆的幼苗培养及碱胁迫处理

野生大豆的培养方法同 2.2.1.1。将培养 21 d 的幼苗置于50 mmol/L NaHCO$_3$（pH = 8.5）培养液中，分别在 0 h、1 h、3 h、6 h、12 h、24 h 时间点取处理组与对照组幼苗根于 – 80 ℃保存。

2.2.6.2　RNA 的提取及反转录合成 cDNA

野生大豆根 RNA 的提取步骤同 2.2.1.2。采用反转录试剂盒（M – MLV，RNaseH）qPCR 反转录合成 cDNA。

具体步骤如下：

（1）在 200 μL 离心管中加入 100~500 ng 总 RNA、1 μL Anchored Oligo (dT)$_{18}$Primer、4 μL 10 mmol/L dNTP、TS RT Buffer、0.5 μL Ribonuclease Inhibitor、1 μL TransScript RT，加水至 20 μL。

（2）轻轻混匀后瞬时离心，42 ℃孵育 30 min（PCR 仪中进行）。

（3）85 ℃下 5 s 失活 TransScript RT（PCR 仪中进行）。

2.2.6.3 Real – time PCR 引物的设计及质量检测

利用引物设计软件设计 Real – time PCR 基因特异性引物,退火温度为 58 ~ 60 ℃。引物长度为 18 ~ 25 nt,扩增片段长度为 100 ~ 200 bp,扩增片段的位置控制在 3′端 1 500 bp 以内,3′端避免 3 个或 3 个以上的连续 GC,避免引物间二聚体的产生,将设计好的引物在 NCBI 中进行 Blast 比对,评价是否具有特异性。进一步通过 Real – time PCR 检测引物的溶解曲线,扩增信号曲线为单一、锐利峰形的引物即质量较好的 Real – time PCR 引物。

特异性引物如下:

*GsCHYR*4 上游引物:5′ – AAGCATAGACACGATATTCCCCG – 3′

*GsCHYR*4 下游引物:5′ – TGCCCATACAAACGCCACAG – 3′

*GsCHYR*16 上游引物:5′ – AAGCATAGACATGATATTCCACGA – 3′

*GsCHYR*16 下游引物:5′ – TTGCCCATACAAACACCACAA – 3′

2.2.6.4 Real – time PCR 数据的获得及处理

(1)Real – time PCR 反应体系

SYBR Premix Ex Taq(2 ×)	10 μL
上游引物(10 μmol/L)	0.6 μL
下游引物(10 μmol/L)	0.6 μL
无菌 ddH$_2$O	7.8 μL
模板 DNA	1 μL
总体积	20 μL

(2)Real – time PCR 反应条件

50 ℃预热	2 min
95 ℃变性	2 min
95 ℃变性	15 s
60 ℃退火	30 s
95 ℃变性	1 min

40 个循环（适用于 95 ℃变性 15 s 与 60 ℃退火 30 s）

（3）Real – time PCR 数据的处理

Real – time PCR 采用比较 C_T 法（$\Delta\Delta C_T$），以 *GADPH* 为内参基因，以未经处理的样品作为对照。以 *GADPH* 基因为内参基因均一化处理后，通过 $2^{-\Delta\Delta CT}$ 方法计算（相对表达量 $= 2^{-\Delta\Delta CT} = 2^{-(\Delta CT_{处理} - \Delta CT_{对照})} = 2^{-[(CT_{处理} - CT_{内参}) - (CT_{对照} - CT_{内参})]}$）；每个样品做 3 次技术重复，数据取 3 次独立的生物学重复的平均值。原始数据经标准化处理。

2.2.7　互作蛋白编码基因的组织定位分析

2.2.7.1　野生大豆的幼苗培养

野生大豆的培养方法同 2.2.1.1。分别取野生大豆老叶、幼叶、根、茎与花等组织于冻存管中，液氮速冻，−80 ℃保存。

2.2.7.2　RNA 的提取及反转录合成 cDNA

野生大豆根 RNA 的提取步骤同 2.2.1.2。反转录合成 cDNA 步骤同 2.2.6.2。

2.2.7.3　Real – time PCR 引物的设计及质量检测

Real – time PCR 引物的设计及质量检测方法同 2.2.6.3。

2.2.7.4　Real – time PCR 数据的获得及处理

Real – time PCR 数据的获得及处理方法同 2.2.6.4。

2.2.8　互作蛋白的亚细胞定位分析

2.2.8.1　亚细胞定位植物表达载体的构建

选用 pCAMBIA – 1302 载体作为分析互作蛋白亚细胞定位的植物表达载体。根据载体上的多克隆位点,设计含酶切位点的目的基因上游、下游引物。PCR 扩增基因片段,双酶切后分别与 pCAMBIA – 1302 载体连接,转化大肠杆菌感受态细胞,扩繁重组载体,酶切鉴定及测序验证。PCR 引物如下所示:

GsCHYR4 上游引物:5′ – <u>CTGACC</u>ATGGGAGAGGTGGCAGTAATG – 3′

GsCHYR4 下游引物:5′ – <u>GCAGATCT</u>CCGCCTCTTGTTTCCCGTGTGTT – 3′

GsCHYR16 上游引物:5′ – <u>CTGACC</u>ATGGGAGAAGTGGCAGTAATGC – 3′

GsCHYR16 下游引物:5′ – <u>GCAGATCT</u>CCTGTTTGTCGTGTATTGTAGGATTTG – 3′

GsSNRP 上游引物:5′ – GAAGATCTATGAAGCTCGTCAGGTTTCTGAT – 3′

GsSNRP 下游引物:5′ – AACTGCAGTTAACGACCACGACCACGGCCACGC – 3′

2.2.8.2　烟草幼苗的培养

将本氏烟草种子播种于普通土壤:蛭石 = 1:1 的混合土中。培养条件:光周期 16 h/8 h(光照/黑暗),温度 22 ~ 26 ℃,相对湿度 60%。培养 30 ~ 45 d。

2.2.8.3　烟草叶片的侵染

将 2.2.8.1 中构建的载体转化至根癌农杆菌 LBA4404 中,PCR 鉴定阳性克隆。用 YEB 液体培养基活化阳性克隆至 OD_{600} = 0.6 后,离心去掉上清液,用 10 mmol/L $MgCl_2$(pH = 5.6)重悬菌体至 OD_{600} = 1.0,黑暗放置 3 h。选取生长状态较好的烟草叶片,利用注射器将菌液注入叶片下表面,正常条件下培养 2 ~ 4 d,观察 GFP 荧光信号。

2.2.8.4　GFP 荧光信号观察

于激光共聚焦显微镜下观察培养 2～4 d 的农杆菌侵染烟草 GFP 荧光信号,激发光波长为 488 nm。

2.2.9　互作蛋白的转录激活活性分析

2.2.9.1　酵母表达载体的构建

根据酵母表达载体 pGADT7 – GsCHYR4 与 pGADT7 – GsCHYR16 上的多克隆位点,双酶切后与 pGBKT7 连接,转化大肠杆菌感受态细胞,扩繁重组载体,酶切鉴定。

2.2.9.2　酵母共转化及阳性克隆的确定

酵母共转化及阳性克隆的确定同 2.2.2.2。

2.2.9.3　报告基因的检测

目的蛋白转录激活活性检测中,以空载体作为阴性对照,以鉴定具有转录活性的 GsbZIP10 转录因子为阳性对照。将鉴定的阳性酵母用 SD/ – Trp 液体培养基活化至 OD_{600} = 0.3,按 1∶10、1∶100 与 1∶1 000 比例用 0.9% NaCl 溶液稀释,分别取 1 μL 菌液点于 SD/ – Trp、SD/ – Trp – His 固体培养基中,30 ℃ 培养 3～5 d 后观察酵母的生长情况。进一步采用菌落转移滤纸实验检测 β – 半乳糖苷酶的活性。

2.2.10　互作蛋白编码基因的耐碱功能分析

2.2.10.1　目的基因的植物表达载体构建

　　根据 HBT-HA 载体上的多克隆位点,设计含酶切位点的目的基因上游、下游引物,PCR 扩增基因片段,双酶切后分别与 HBT-HA 载体连接,转化大肠杆菌感受态细胞,扩繁重组载体,酶切鉴定及测序验证。*GsERF*71 的 HBT-HA 载体构建见 2.2.4.1。根据植物表达载体 pCB302 上的多克隆位点,将重组载体酶切,回收片段与 pCB302 连接,转化大肠杆菌感受态细胞,并扩繁重组载体,酶切鉴定重组载体是否正确。PCR 引物如下所示:

　　*GsCHYR*4 上游引物:5′-CGGGATCCATGGGAGAGGTGGCAGTAATGCATTC-TGAGCCTCTCCAG-3′

　　*GsCHYR*4 下游引物:5′-AAGGCCTGCCTCTTGTTTCCCGTGTGTTG-3′

　　*GsCHYR*16 上游引物:5′-CGGGATCCATGGGAGAAGTGGCAGTAATGCAC-TCTGAGCCTCTCCAG-3′

　　*GsCHYR*16 下游引物:5′-AAGGCCTTGTTTGTCGTGTATTGTAGGATTTG-3′

2.2.10.2　转基因大豆毛状根的培育

　　采用农杆菌侵染大豆子叶节的方法培育转基因大豆毛状根。

　　①大豆种子灭菌。挑选饱满的栽培大豆 DN50 种子,采用过氧化氢/乙醇灭菌法处理 2 min,无菌水洗 4~5 次后待用。

　　②大豆的萌发。准备 70% 乙醇消毒的培养钵及高温高压灭菌的蛭石,将灭菌的种子播种于蛭石中,浇灌 B&D 培养液,在光周期 16 h/8 h(光照/黑暗)、温度 24~28 ℃、相对湿度 95% 的培养箱中培养 5 d。

　　③农杆菌侵染子叶节。待大豆幼苗萌发 5 d 时,从子叶节下 1 cm 处剪掉根部,用注射器接种农杆菌于子叶节处(将子叶节处刺穿)。

　　④共培养。将接种农杆菌的子叶节插种在灭菌的蛭石中,用保鲜膜覆盖培

养钵,浇灌 B&D 培养液,黑暗条件下培养 2 d。

⑤毛状根的诱导。黑暗处理后,更换光周期 16 h/8 h(光照/黑暗)、温度 24~28 ℃、相对湿度 95% 的培养条件,至毛状根生长到 2~3 cm。

⑥毛状根的驯化处理。约 2 周后,毛状根生长至 2~3 cm,进行驯化处理。将诱导有毛状根的大豆植株置于蒸馏水中驯化培养 2~3 d,以适应外界生长环境。

⑦移栽处理。毛状根驯化处理后,移栽至 B&D 培养液中生长 2 d,用于下一步实验。

2.2.10.3 转基因大豆毛状根的分子检测及碱胁迫处理

提取转基因大豆毛状根基因组,以非转基因大豆毛状根基因组为阴性对照,用筛选标记基因 Km 特异性引物对其进行 PCR 扩增检测。

将获得的转基因大豆毛状根与非转基因大豆毛状根在 30 mmol/L、40 mmol/L NaHCO$_3$ 溶液中处理 6 d 后,称量并统计。

2.2.11 拟南芥基因沉默突变体的耐碱功能分析

2.2.11.1 拟南芥突变体的鉴定

拟南芥突变体:SALK_117324、SALK_121863。

(1)突变体的 PCR 鉴定

采用三引物法鉴定突变体是否为插入纯合突变。采用 T-DNA 插入突变位点两侧的基因特异性引物 LB 和 RB 进行 PCR 扩增,若未扩增出 DNA 条带,则说明可能为纯合突变。进一步通过基因特异性引物 LB 与 T-DNA 左臂引物 BP 进行 PCR 扩增,若扩增出 DNA 条带,则说明有 T-DNA 的插入。PCR 引物如下所示:

SALK_117324 引物 LB:5′-AAACACCAATGTGTTGAAGGC-3′

SALK_117324 引物 RB:5′-TCATGAAAATGTGCAAATTCG-3′

SALK_121863 引物 LB:5′ – AACCTCAAATTTTCCGATTGG – 3′

SALK_121863 引物 RB:5′ – ATCACTCTGCGATGGTGATTC – 3′

BP:5′ – ATTTTGCCGATTTCGGAAC – 3′

（2）突变体的 Real – time PCR 鉴定

RNA 的提取步骤同 2.2.1.2。采用反转录试剂盒（M – MLV，RNaseH）反转录合成 cDNA。PCR 引物如下所示：

SALK_117324 上游引物:5′ – TGCTCGCTTTGTGAGACAGAAC – 3′

SALK_117324 下游引物:5′ – GAATCAAACAGATACTCAAAACAAACC – 3′

SALK_121863 上游引物:5′ – AGAACGGTCACCCTTGTGTC – 3′

SALK_121863 下游引物:5′ – TTCCCACAGTCGTTGCAGAG – 3′

2.2.11.2　拟南芥突变体的萌发期表型

将野生型拟南芥和纯合突变体种子分别播种于正常 1/2 MS 固体培养基和含有 7 mmol/L 或 8 mmol/L $NaHCO_3$ 的 1/2 MS 固体培养基上,培养 12 d 后拍照并统计展叶率。

2.2.11.3　拟南芥突变体的成苗期表型

拟南芥灭菌、春化及种植的方法同 2.2.3.2。将野生型拟南芥及突变体种子播种于土中,当幼苗长至 18 d 时,用 100 mmol/L $NaHCO_3$ 溶液浇灌处理,每 4 d 浇灌一次,共处理 24 d,观察各株系在碱胁迫后的生长状态并拍照,测定叶绿素与 MDA 含量。

2.2.12 拟南芥基因沉默突变体的耐碱分子机制研究

2.2.12.1 拟南芥幼苗的培养及碱胁迫处理

拟南芥灭菌、春化及种植的方法同2.2.3.2。将野生型拟南芥与突变体拟南芥幼苗分别在 50 mmol/L NaHCO$_3$溶液中处理 0 h、3 h、6 h,样品置于冻存管中, -80 ℃保存。

2.2.12.2 RNA 的提取及反转录合成 cDNA

RNA 的提取与反转录合成 cDNA 步骤同2.2.6.2。

2.2.12.3 Real-time PCR 引物的设计及质量检测

Real-time PCR 引物的设计及质量检测方法同2.2.6.3。Marker 基因的引物序列如表2-1所示。

表 2 - 1　Marker **基因引物序列**

编号	基因	引物序列
1	*NADP - ME*	5′ – TGGTCTGATCTACCCGCCATT – 3′ 5′ – CGCCAATCCGAGGTCATAGG – 3′
2	$H^+ - ATPase$	5′ – TTTGGATTATAAACCTCACTATATG – 3′ 5′ – CCAGTCATTCCAACAATATGC – 3′
3	*COR47*	5′ – GGAGTACAAGAACAACGTTCCCGA – 3′ 5′ – TGTCGTCGCTGGTGATTCCTCT – 3′
4	*RD29A*	5′ – ATGATGACGAGCTAGAACCTGAA – 3′ 5′ – GTAATCGGAAGACACGACAGG – 3′
5	*ACTIN2*	5′ – GAAGATGGCAGACGCTGAGGAT – 3′ 5′ – ACGACCTACAATGCTGGGTAACAC – 3′

2.2.12.4　Real – time PCR 数据的获得及处理

Real – time PCR 数据的获得及处理方法同 2.2.6.4。

3 结果与分析

3.1 GsERF71 转录因子互作蛋白的酵母双杂交筛选

3.1.1 诱饵表达载体的构建

选用 GsERF71N(1～131 氨基酸)作为诱饵蛋白,pGBKT7 为诱饵载体,构建 pGBKT7 - GsERF71N 诱饵表达载体,用于 GsERF71 转录因子互作蛋白的筛选。采用上游引物添加 Nde Ⅰ与下游引物添加 EcoR Ⅰ的 PCR 扩增 GsERF71N 基因,将基因片段与 pGBKT7 载体分别进行 Nde Ⅰ与 EcoR Ⅰ酶切,回收片段并连接,构建了 pGBKT7 - GsERF71N 诱饵表达载体,鉴定结果如图 3 - 1 所示。

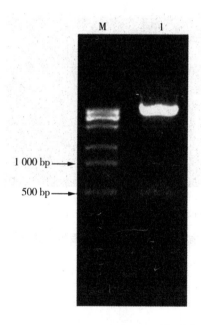

M—DL 15000;1—酶切产物

图 3 - 1　诱饵表达载体的构建

3.1.2　野生大豆盐碱胁迫 cDNA 文库的构建

选取两组生长一致的野生大豆幼苗,分别在 50 mmol/L NaHCO₃ 溶液(pH = 8.5)和 200 mmol/L NaCl 溶液胁迫下处理 1 h,混合后提取野生大豆幼苗根的总 RNA。琼脂糖凝胶电泳结果(图 3-2)表明,获得的总 RNA 无明显降解,且 28S 条带亮度约为 18S 的两倍,结果表明总 RNA 质量符合文库构建的要求。

将 RNA 进行反转录,合成 cDNA 第一链,进一步通过长距离 PCR 扩增合成 ds cDNA,通过纯化柱去除小于 500 bp 的片段,进行琼脂糖凝胶电泳分析,结果表明获得了 500 ~ 3 000 bp 的 ds cDNA(图 3-3),说明扩增的 ds cDNA 大小符合文库构建的要求。

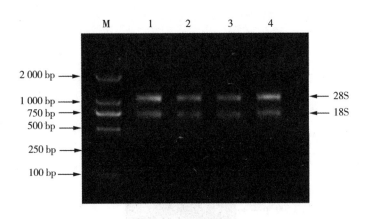

M—DL 2000;1 ~ 4—总 RNA

图 3-2　盐碱胁迫处理下野生大豆根总 RNA

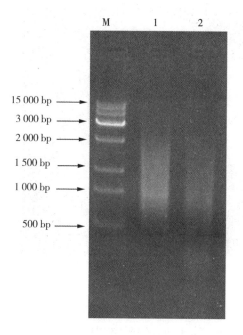

M—DL 15000；1—Oligo(dT)；2—随机引物

图 3 - 3　长距离 PCR 扩增 ds cDNA

3.1.3　野生大豆酵母双杂交 cDNA 文库的构建

通过 PEG/LiAc 介导的酵母转化系统,将 3 ~ 5 μg ds cDNA 与 6 μL pGADT7 - Rec (0.5 μg/μL)混匀,共转化到酵母 Y187 感受态细胞中。将重组酵母涂布在 SD/ - Leu 培养基上,3 ~ 4 d 后统计,共获约 2.54×10^6 个转化子(图 3 - 4),结果表明转化率符合文库构建要求。进一步将转化子收集、浓缩后分装存储并复苏文库,结果表明获得了滴度大于 3.27×10^7 的野生大豆酵母双杂交 cDNA 文库。随机挑选 20 个转化子进行 PCR 检测,结果表明扩增条带分布在 400 ~ 3 000 bp 之间,cDNA 插入率为 75%(共鉴定 20 个单菌落,PCR 检测条带大于 400 bp 的为 15 个,见图 3 - 5)。以上结果表明该文库的滴度及覆盖度基本符合构建要求。

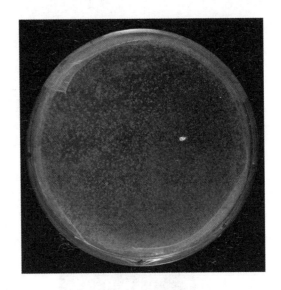

图 3 - 4　转化子

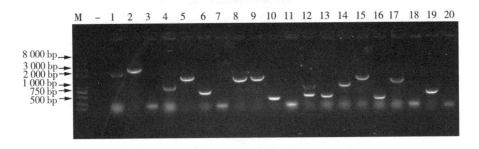

M—DL 8000；－—水对照；1～20—独立转化子

图 3 - 5　野生大豆酵母双杂交 cDNA 文库质量鉴定

3.1.4　GsERF71 互作蛋白的酵母双杂交筛选及验证

通过 PEG/LiAc 法将 pGBKT7 - GsERF71N 诱饵表达载体转化至 HF7C 酵母菌株中，利用不同类型酵母能相互融合形成接合子的原理，将含有诱饵表达载体的 HF7C 酵母菌株与含有 cDNA 文库的 Y187 酵母以 3∶1 的比例混匀，涂布在尼龙膜上［图 3 -6（A）］，置于培养基上培养 4.5～6 h 后，在显微镜下观察每个视野出现 3～6 个接合子［图 3 -6（B）］，重悬酵母涂布至 SD/ - Leu - Trp -

His 培养基上[图 3 –6(C)];另分别取 1 μL 重悬酵母涂布于 SD/ – Leu、SD/ – Trp、SD/ – Leu – Trp 培养基上,验证共得到 2. 34 × 10^6 个接合子,接合率为 8. 99%,符合文库筛选要求[图 3 –6(D) ~ (F)]。筛选共得到 26 个酵母阳性接合子。

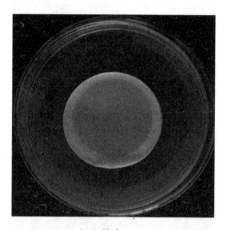

(A)接合

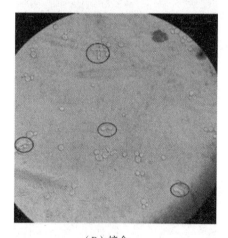

(B)接合

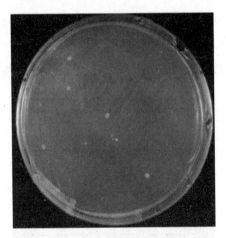

（C）SD/−Leu−Trp−His

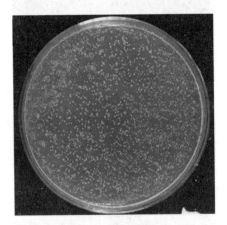

（D）SD/−Leu（目标）

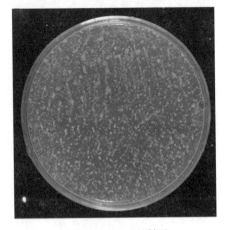

（E）SD/−Trp（诱饵）

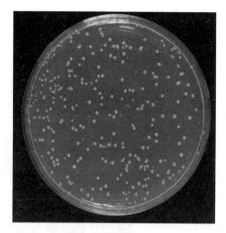

（F）SD/–Leu–Trp

图 3 – 6　酵母双杂交筛选结果

　　将筛选得到的 26 个酵母阳性接合子分别提取质粒,转化大肠杆菌感受态细胞,扩繁质粒,送交测序。对测序结果进行比对分析,筛选出与载体成功融合的基因,并进一步通过 Blast 序列比对分析及栽培大豆同源基因功能注释,初步得到 6 个可能与 GsERF71N 互作的蛋白质。将筛选出的 6 个基因载体再次转化到 AH109 酵母中进行回转验证(图 3 – 7),最终得到与 GsERF71N 互作的蛋白质 4 个(表 3 – 1),发现 GsCHYR4 蛋白可能具有酵母激活活性,并在后续研究中进一步进行了验证。其中,*GsERF71N* 为筛选得到的部分 *GsERF71* 基因片段。

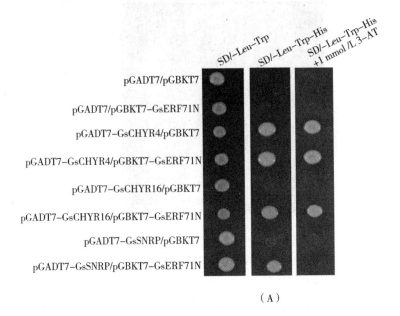

（A）

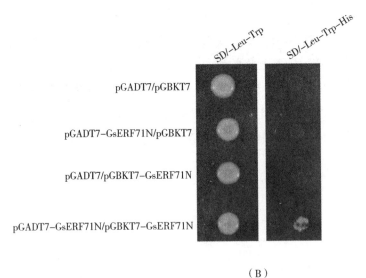

（B）

图 3-7　GsERF71 与互作蛋白的回转验证

表 3-1 酵母双杂交筛选获得的 GsERF71 互作蛋白

编号	基因名	基因编号	蛋白特性
1	*GsCHYR4*	Glyma. 06G074300	CHY、CTCHY 与 RING 型锌指蛋白(CHYR 蛋白)
2	*GsCHYR16*	Glyma. 17G202700	CHY、CTCHY 与 RING 型锌指蛋白(CHYR 蛋白)
3	*GsSNRP(SMD)*	Glyma. 19G154600	小核糖核蛋白(SMD 蛋白)
4	*GsERF71*	Glyma. 02G016100	乙烯响应的转录因子(ERF71 蛋白)

3.1.5 互作蛋白编码基因的克隆及生物信息学分析

3.1.5.1 互作蛋白编码基因的克隆

根据互作蛋白筛选结果得知,GsERF71 蛋白能通过自身互作形成同源二聚体。同时,通过比对大豆同源基因序列,设计基因特异性引物,同源克隆出 *GsSNRP*、*GsCHYR*4 与 *GsCHYR*16 基因的全长 CDS 区,如图 3-8 ~ 图 3-10 所示。

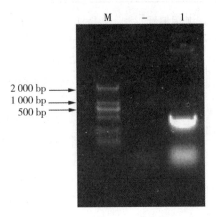

M—DL 8000；——水对照；1—*GsSNRP*

图 3 − 8　*GsSNRP* 基因的克隆

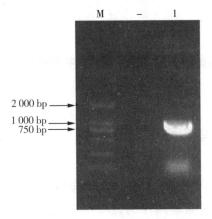

M—DL 2000；——水对照；1—*GsCHYR*4

图 3 − 9　*GsCHYR*4 基因的克隆

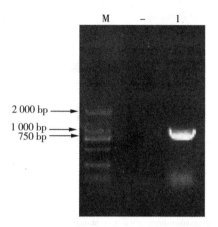

M—DL 8000；- —水对照；1—*GsCHYR*16

图 3 - 10 *GsCHYR*16 基因的克隆

3.1.5.2 互作蛋白的生物信息学分析

通过比对大豆同源基因序列发现，GsCHYR4 蛋白为 RING E3，全长 309 个氨基酸，含有 CHY zinc finger 结构域、Ring finger 结构域和 Zinc - ribbon 结构域（图 3 -11）。其中，CHY zinc finger 结构域能与 Zn^{2+} 结合，Ring finger 结构域具有 E3 活性。

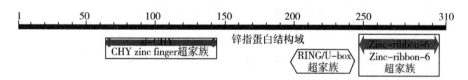

图 3 - 11 GsCHYR4 蛋白氨基酸序列分析

通过比对发现，GsCHYR16 与 GsCHYR4 具有 87% 的氨基酸序列同源性，其全长为 308 个氨基酸，同时也含有 CHY zinc finger 结构域、Ring finger 结构域和 Zinc - ribbon 结构域（图 3 -12）。

图 3 - 12　GsCHYR16 蛋白氨基酸序列分析

GsSNRP 蛋白是一类非常保守的小核糖核蛋白,含有 114 个氨基酸,具有两个保守的 Sm1 与 Sm2 结构域(图 3 - 13),可能在 RNA 剪切过程中发挥重要的作用。

图 3 - 13　GsSNRP 蛋白氨基酸序列分析

3.2　GsERF71 同源互作分析

3.2.1　GsERF71 在酵母体内同源互作的验证

3.2.1.1　GsERF71 酵母双杂交表达载体构建

通过酵母双杂交筛选的 *GsERF*71N 是 *GsERF*71 基因的 N 端序列,而 GsERF71转录因子具有较强的转录激活活性,因此可通过验证 GsERF71N 与 GsERF71N 的互作来验证 GsERF71 蛋白能否形成同源二聚体结构。设计 *GsERF*71N基因特异性引物,PCR 扩增 *GsERF*71N 基因片段,双酶切后与 pGADT7连接,构建 pGADT7 - GsERF71N 酵母双杂交表达载体。

3.2.1.2　酵母双杂交验证 GsERF71 同源互作

将 pGBKT7 – GsERF71N 与 pGADT7 – GsERF71N 共转化到酵母 AH109 中,涂布于 SD 筛选培养基中,培养 4 d 后如图 3 – 14 所示,在 SD/ – Leu – Trp 培养基中,转化不同载体的酵母均能正常生长,含有 pGADT7 – GsERF71N 与 pGBKT7 – GsERF71N 的酵母能在含 2 mmol/L 3 – AT 的 SD/ – Leu – Trp – His 培养基中正常生长,结果表明 GsERF71 能通过自身互作形成同源二聚体。

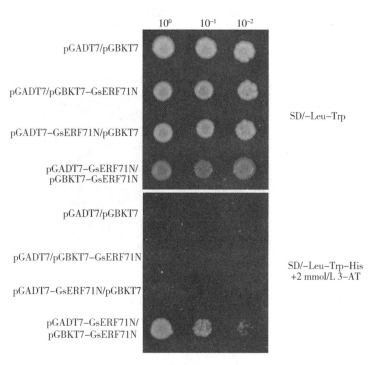

图 3 – 14　酵母双杂交验证 GsERF71 同源互作

3.2.2 GsERF71 在植物体内同源互作的验证

3.2.2.1 双分子荧光互补实验植物瞬时表达载体构建

采用 pA7 – YFPC 与 pA7 – YFPN 作为验证蛋白互作的双分子荧光互补实验植物瞬时表达载体。基于特异性引物扩增 *GsERF*71 全长序列,分别与 pA7 – YFPC 与 pA7 – YFPN 载体连接,得到融合的 pA7 – GsERF71 – YFPC 与 pA7 – GsERF71 – YFPN 植物瞬时表达载体,鉴定结果如图 3 – 15 与图 3 – 16 所示。

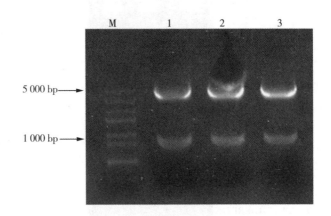

M—DL 5000;1 ~ 3—pA7 – GsERF71 – YFPC

图 3 – 15 pA7 – GsERF71 – YFPC 植物瞬时表达载体的构建

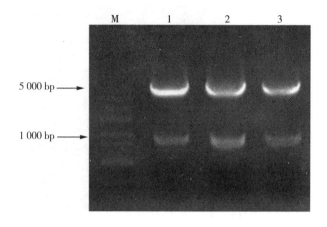

M—DL 5000；1～3—pA7 – GsERF71 – YFPN

图 3 – 16　pA7 – GsERF71 – YFPN 植物瞬时表达载体的构建

3.2.2.2　双分子荧光互补实验验证 GsERF71 同源互作

将 pAT – GsERF71 – YFPC 与 pA7 – GsERF71 – YFPN 共转化拟南芥原生质体，培养 13 h 后观察 YFP 荧光信号。结果如图 3 – 17 所示，pAT – GsERF71 – YFPC 与 pA7 – GsERF71 – YFPN 共表达时有 YFP 荧光信号，且定位于细胞核，表明 GsERF71 蛋白能形成同源二聚体。

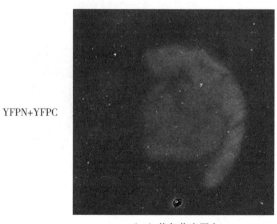

YFPN+YFPC

（A）黄色荧光蛋白

YFPN+YFPC

（B）叶绿素

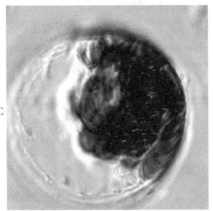

YFPN+YFPC

（C）明场

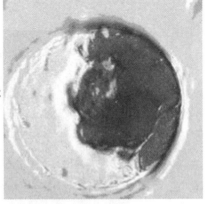

YFPN+YFPC

（D）合并后

pA7–GsERF71–YFPN+
pA7–GsERF71–YFPC

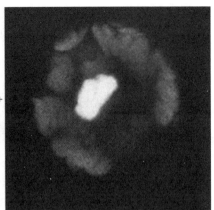

（E）黄色荧光蛋白

pA7–GsERF71–YFPN+
pA7–GsERF71–YFPC

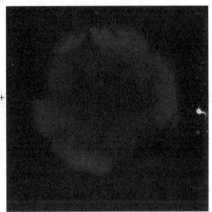

（F）叶绿素

pA7–GsERF71–YFPN+
pA7–GsERF71–YFPC

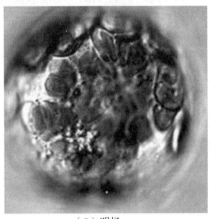

（G）明场

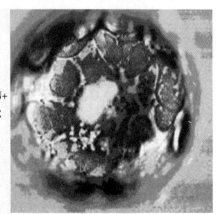

pA7–GsERF71–YFPN+
pA7–GsERF71–YFPC

（H）合并后

图 3 – 17   GsERF71 蛋白同源互作的验证

3.3   GsERF71 转录因子的稳定性分析

3.3.1   GsERF71 转录因子在植物体内的稳定性分析

扩增 *GsERF*71 片段，连接 HBT – HA 载体构建 HBT – GsERF71 – HA 融合的植物瞬时表达载体，鉴定结果如图 3 – 18 所示。

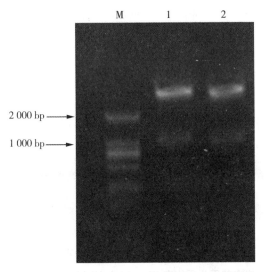

M—DL 2000；1~2—HBT – GsERF71 – HA

图 3 – 18　植物瞬时表达载体的构建

本书筛选到了 RING E3，为了验证 GsERF71 是否通过泛素/26S 蛋白酶体途径降解，首先对 GsERF71 的稳定性进行了分析。然后将 HBT – GsERF71 – HA 融合表达载体转化到拟南芥原生质体中，加入 50 μmol/L MG132 培养 13 h，结果如图 3 – 19（A）所示，处理的原生质体中 GsERF71 含量明显高于对照。转化的原生质体培养 13 h 后，分别在 50 μmol/L MG132 下处理 2 h 与 4 h，结果如图 3 – 19（B）所示，MG132 处理 2 h 时，GsERF71 含量无明显变化，处理 4 h 时，GsERF71 含量明显高于未处理组。以上结果表明，GsERF71 的降解是通过泛素/26S 蛋白酶体途径的。

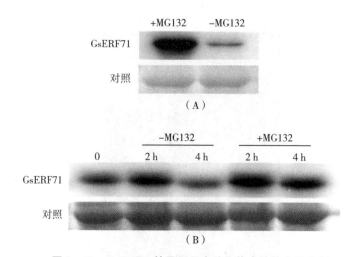

图 3 - 19　GsERF71 转录因子在植物体内的稳定性分析

（A）拟南芥原生质体在 50 μmol/L MG132 下

培养 13 h 后 GsERF71 含量变化；

（B）拟南芥原生质体培养 13 h 后在 50 μmol/L MG132 下

处理 2 h 和 4 h 后 GsERF71 含量变化

3.3.2　GsERF71 转录因子在植物体外的稳定性分析

将 HBT – GsERF71 – HA 融合表达载体转化到拟南芥原生质体中培养 13 h 后,用非变性蛋白提取液提取细胞总蛋白。在 50 μmol/L MG132 条件下分别处理细胞提取液 2 h 与 4 h,结果如图 3 – 20(A)所示,经 MG132 处理的细胞提取液中 GsERF71 含量与对照无明显差异;在 10 mmol/L ATP 条件下分别处理细胞提取液 1 h、2 h 与 3 h,结果如图 3 – 20(B)所示,随着处理时间的增加,GsERF71含量与对照相比有所降低,但降低的速度较慢。以上结果表明,GsERF71 蛋白在体外稳定性较强,降解较慢,推测 GsERF71 蛋白的降解可能需要某种蛋白质修饰。

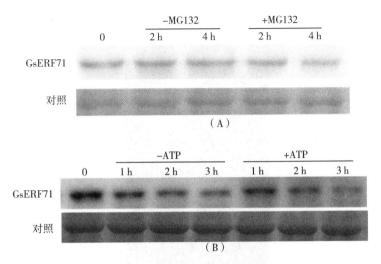

图 3 – 20 GsERF71 转录因子在植物体外的稳定性分析

（A）拟南芥原生质体在 50 μmol/L MG132 下

处理 2 h 和 4 h 后 GsERF71 含量变化；

（B）拟南芥原生质体在 10 mmol/L ATP 下

处理 1 h、2 h 和 3 h 后 GsERF71 含量变化

3.4 *GsERF*71 基因在大豆中的耐碱功能分析

3.4.1 转基因大豆毛状根的获得及分子生物学鉴定

3.4.1.1 *GsERF*71 植物表达载体的构建

根据植物表达载体 pCB302 上的多克隆位点，将 HBT – GsERF71 – HA 载体进行双酶切，所得 *GsERF*71 片段与 pCB302 载体连接，构建 pCB302 – GsERF71 植物表达载体，重组载体的鉴定如图 3 – 21 所示。将鉴定正确的 pCB302 – GsERF71 植物表达载体转化发根农杆菌 K599，用于下一步侵染。

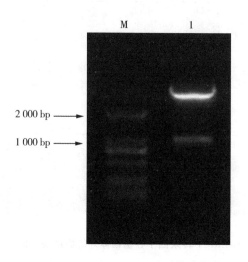

M—DL 2000；1—pCB302 – GsERF71

图 3 – 21　*GsERF*71 植物表达载体的鉴定

3.4.1.2　*GsERF*71 转基因大豆毛状根的获得

对栽培大豆 DN50 进行毛状根诱导，大豆毛状根诱导流程如图 3 – 22 所示，获得超量表达 *GsERF*71 的大豆毛状根。

（A）灭菌

（B）萌发

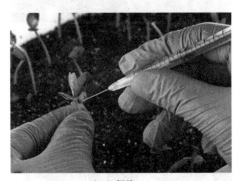

（C）侵染

（D）培养

（E）生根

（F）驯化

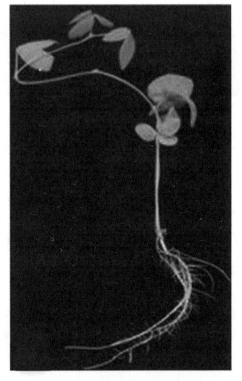

（G）成苗

图 3 – 22 发根农杆菌介导的大豆毛状根体系

3.4.1.3 *GsERF*71 转基因大豆毛状根的分子检测

随机抽取 25 个 *GsERF*71 转基因大豆毛状根,提取基因组,以非转基因大豆毛状根为阴性对照,用筛选标记基因 Km 特异性引物对其进行 PCR 扩增检测。PCR 检测结果如图 3 – 23 所示,共检测出 24 个阳性毛状根,PCR 阳性率为 96% 。

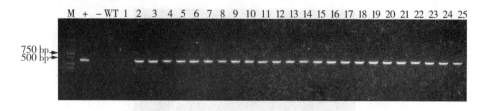

M—DL 2000；+—阳性对照；–—水对照；

WT—非转基因大豆毛状根；1～25—转基因大豆毛状根

图 3 – 23 PCR 鉴定结果

3.4.2 *GsERF*71 基因超量表达提高了大豆毛状根对碱胁迫的耐受性

为了进一步验证 *GsERF*71 基因对大豆碱胁迫耐受性的影响,将获得的 *GsERF*71 转基因大豆毛状根进行了碱胁迫处理。如图 3 – 24 所示,在 30 mmol/L、40 mmol/L NaHCO$_3$(pH = 8.5)中处理 6 d 后,转基因大豆毛状根与非转基因大豆毛状根的生长均受到严重抑制,但与非转基因大豆毛状根相比,转基因大豆毛状根生长受到抑制较轻,转基因大豆毛状根湿重显著大于非转基因大豆毛状根。上述结果表明, *GsERF*71 基因超量表达显著提高了大豆对碱胁迫的耐受性。

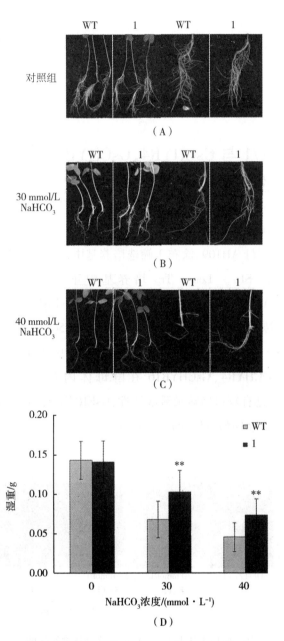

WT—非转基因大豆毛状根；1—转基因大豆毛状根

图 3 – 24 大豆毛状根对碱胁迫的耐受性

3.5　GsERF71 与 GsCHYR4、GsCHYR16 蛋白互作研究

3.5.1　GsERF71 与 GsCHYR4、GsCHYR16 在酵母体内互作的验证

分别将 pGBKT7 – GsERF71N 与 pGADT7 – GsCHYR4、pGADT7 – GsCHYR16共转化酵母 AH109，涂布于筛选培养基中，如图 3 – 25 与图 3 – 26 所示，重组菌均能在 SD/ – Leu – Trp 培养基中正常生长，含有 pGBKT7 – GsERF71N 与 pGADT7 – GsCHYR4、pGBKT7 – GsERF71N 与 pGADT7 – GsCHYR16 的共转化酵母均能在含 30 mmol/L、50 mmol/L、80 mmol/L、100 mmol/L 3 – AT 的 SD/ – Leu – Trp – His 培养基中正常生长。结果表明，GsERF71N能与 GsCHYR4、GsCHYR16 在酵母体内互作。同时，我们发现 *GsCHYR*4基因可能具有较强的转录激活活性，GsERF71 与 GsCHYR16 的互作强度要高于 GsERF71 与 GsCHYR4 的互作强度。

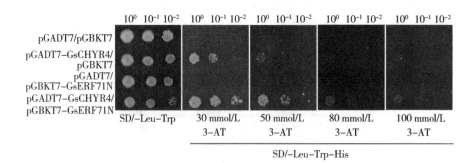

图 3 – 25　GsERF71 与 GsCHYR4 在酵母体内互作的验证

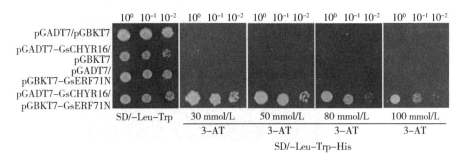

图 3 - 26 GsERF71 与 GsCHYR16 在酵母体内互作的验证

3.5.2 GsERF71 与 GsCHYR4、GsCHYR16 在植物体内互作的验证

3.5.2.1 双分子荧光互补实验植物瞬时表达载体的构建

根据载体 pDONR221 上的序列,设计目的基因的上游、下游引物。PCR 扩增目的基因片段,并分别与 pDONR221 连接构建 pDONR221 - GsERF71 - P2P3、pDONR221 - GsCHYR4 - P1P4 与 pDONR221 - GsCHYR16 - P1P4 载体。将 pDONR221 - GsERF71 - P2P3 和 pDONR221 - GsCHYR4 - P1P4 与 pBiFCt - 2in1 - CC 载体重组,构建 pBiFCt - 2in1 - GsERF71 - GsCHYR4 植物瞬时表达载体(图 3 - 27)。将 pDONR221 - GsERF71 - P2P3 和 pDONR221 - GsCHYR16 - P1P4 与 pBiFCt - 2in1 - CC 载体通过同源重组的方式重组,构建 pBiFCt - 2in1 - GsERF71 - GsCHYR16 植物瞬时表达载体(图 3 - 28)。

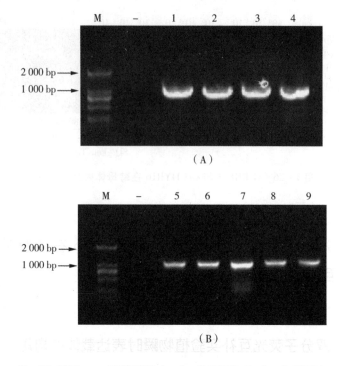

M—DL 2000; – —阴性对照;1~4—*GsERF*71;5~9—*GsCHYR*4

图 3 – 27　pBiFCt – 2in1 – GsERF71 – GsCHYR4 植物瞬时表达载体的构建

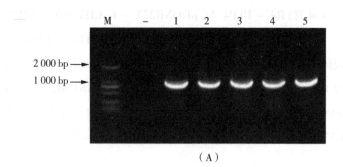

（A）

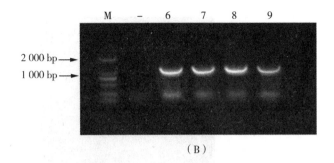

（B）

M—DL 2000；-—阴性对照；1~5—*GsERF*71；6~9—*GsCHYR*16

图 3-28　pBiFCt-2in1-GsERF71-GsCHYR16 植物瞬时表达载体的构建

3.5.2.2　验证 GsERF71 与 GsCHYR4、GsCHYR16 在植物体内的互作

将 pBiFCt-2in1-GsERF71-GsCHYR4 与 pBiFCt-2in1-GsERF71-GsCHYR16瞬时表达载体分别转化于拟南芥原生质体,培养 13 h 后观察 YFP 荧光信号。结果如图 3-29 所示,GsERF71 与 GsCHYR4、GsERF71 与 GsCHYR16共表达时有 YFP 荧光信号,且定位于细胞核,表明 GsERF71 能分别与 GsCHYR4和 GsCHYR16 在细胞核中互作。

YFPN+YFPC

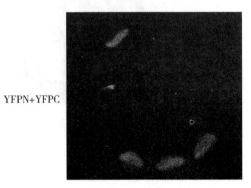

（A）黄色荧光蛋白

YFPN+YFPC

（B）叶绿素

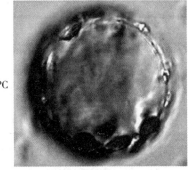

YFPN+YFPC

（C）明场

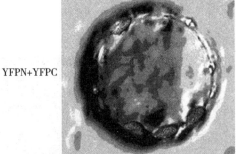

YFPN+YFPC

（D）合并后

GsERF71-YFPN+

GsCHYR4-YFPC

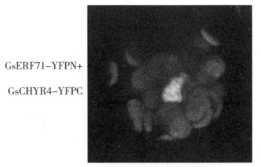

（E）黄色荧光蛋白

GsERF71-YFPN+

GsCHYR4-YFPC

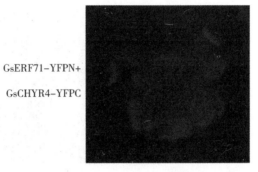

（F）叶绿素

GsERF71-YFPN+

GsCHYR4-YFPC

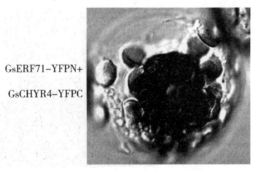

（G）明场

GsERF71-YFPN+

GsCHYR4-YFPC

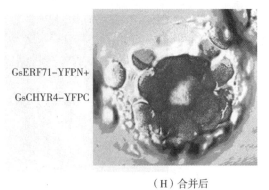

（H）合并后

GsERF71-YFPN+

GsCHYR16-YFPC

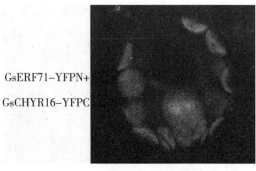

（I）黄色荧光蛋白

GsERF71-YFPN+

GsCHYR16-YFPC

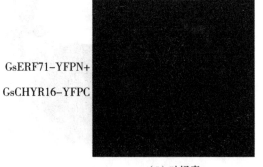

（J）叶绿素

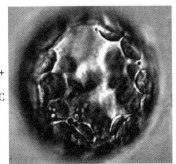

GsERF71-YFPN+

GsCHYR16-YFPC

（K）明场

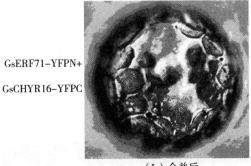

GsERF71-YFPN+

GsCHYR16-YFPC

（L）合并后

图 3 - 29　GsERF71 与 GsCHYR4、GsCHYR16 蛋白互作的验证

3.5.3　GsERF71 与 GsCHYR16 互作的最小结构域的确定

3.5.3.1　GsCHYR16 缺失片段酵母双杂交载体的构建

通过序列分析发现,GsCHYR16 与 GsCHYR4 具有较高的氨基酸序列同源性,同时均含有保守的 CHY zinc finger 结构域、Ring finger 结构域与 Zinc - ribbon 结构域,因此我们选择 GsCHYR16 进一步研究。通过对 GsCHYR16 结构域的分析,将 GsCHYR16 氨基酸分为 5 部分:GsCHYR16 - N 端(1 ~ 64 氨基酸)、GsCHYR16 - C 端(1 ~ 149 氨基酸,含 CHY zinc finger 结构域)、GsCHYR16 - CR 端(1 ~ 243 氨基酸,含 CHY zinc finger 结构域与 Ring finger 结构域)、GsCHYR16 - RZ 端(150 ~ 309 氨基酸,含 Ring finger 结构域与 Zinc -

ribbon结构域)和 GsCHYR16 – Z 端(244~309 氨基酸,含 Zinc – ribbon 结构
域)。将 *GsCHYR*16 的缺失片段与 pGADT7 连接构建酵母双杂交载体,片段缺失
示意及酶切鉴定如图 3 – 30 所示。

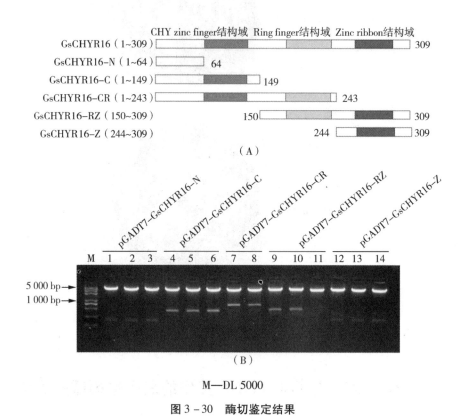

(A)

(B)

M—DL 5000

图 3 – 30　酶切鉴定结果

3.5.3.2　GsERF71 与 GsCHYR16 蛋白互作结构域的确定

将构建的 *GsCHYR*16 缺失片段酵母双杂交载体与 pGBKT7 – GsERF71N 共转
化于酵母 AH109 中。如图 3 – 31 所示,共转化酵母均能在 SD/ – Leu – Trp 培养基
中正常生长,并且酵母浓度基本一致。在 SD/ – Leu – Trp – His 培养基中,除
*GsCHYR*16 与 *GsERF*71N 共转化的酵母及 *GsCHYR*16 – CR 与 *GsERF*71N 共转化的
酵母外,其余均未正常生长。*GsCHYR*16 – CR 与 *GsERF*71N 共转化的酵母的长势
明显优于 *GsCHYR*16 – CR 与 pGBKT7 共转化的酵母,说明 GsCHYR16 – CR 与

GsERF71N 能在酵母中互作。进一步验证发现,在添加 10 mmol/L 3 - AT 的 SD/ - Leu - Trp - His 培养基中,*GsCHYR*16 - *CR* 与 *GsERF*71*N* 共转化的酵母能正常生长(图 3 - 32)。以上结果表明,GsERF71 与 GsCHYR16 互作的最小结构域为 GsERF71 蛋白的 N 端1 ~ 131 氨基酸与 GsCHYR16 蛋白的 1 ~ 243 氨基酸。

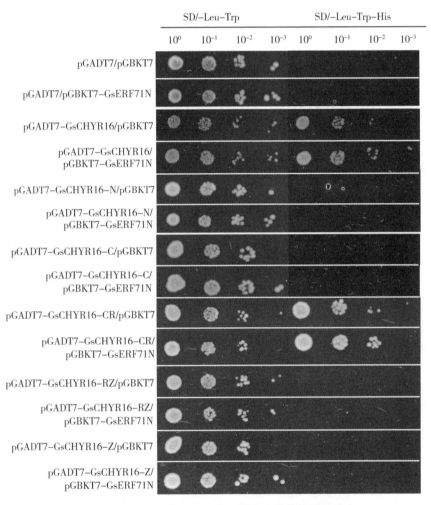

图 3 - 31　GsERF71 与 GsCHYR16 蛋白互作结构域的确定

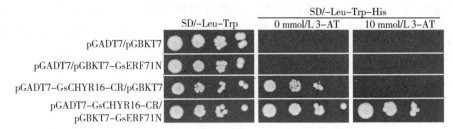

图 3 - 32   GsERF71N 与 GsCHYR16 - CR 蛋白互作结构域的确定

3.6   *GsCHYR*4、*GsCHYR*16 基因家族生物信息学分析及表达特性分析

3.6.1   *GsCHYR* 基因家族生物信息学分析

3.6.1.1   *GsCHYR* 基因家族的确定

CHY 型的 RING E3 基因家族尚未鉴定,本书通过 Blast 比对,预测并确定了 16 个 *GsCHYR* 基因,*GsCHYR* 基因家族的基本信息如表 3 - 2 所示,包括基因编号,基因名,编码区编码蛋白氨基酸残基数、相对分子质量、等电点及蛋白结构域。

表3-2　野生大豆 *GsCHYR* 基因家族基因列表

基因编号	基因名	氨基酸残基数	相对分子质量	等电点	结构域
KRH67764	*GsCHYR*1	234	26.946 4	8.05	CHY/RING
KHN28232	*GsCHYR*2	271	31.094 35	6.62	CHY/RING/Zinc – ribbon
XP_003525236	*GsCHYR*3	1 236	139.618 41	5.79	CHY/RING/Zinc – ribbon/HHE
KHN16479	*GsCHYR*4	309	35.755 85	6.56	CHY/RING/Zinc – ribbon
XP_003530021	*GsCHYR*5	1 242	139.840 55	5.72	CHY/RING/Zinc – ribbon/HHE
NP_001241502	*GsCHYR*6	267	31.031 58	6.68	CHY/RING/Zinc – ribbon
XP_003530831	*GsCHYR*7	1 234	139.425 03	5.70	CHY/RING/Zinc – ribbon/HHE
XP_006587225	*GsCHYR*8	1 277	144.772 63	6.11	CHY/RING/Zinc – ribbon/HHE
XP_003534163	*GsCHYR*9	1 238	139.696 61	5.68	CHY/RING/Zinc – ribbon/HHE
XP_003538164	*GsCHYR*10	298	33.958 02	6.48	CHY/RING/Zinc – ribbon
XP_003542919	*GsCHYR*11	267	31.073 63	6.87	CHY/RING/Zinc – ribbon
XP_003544629	*GsCHYR*12	308	35.583 54	6.21	CHY/RING/Zinc – ribbon
XP_003546095	*GsCHYR*13	267	31.134 67	6.68	CHY/RING/Zinc – ribbon
KRH02208	*GsCHYR*14	319	37.334 81	6.76	CHY/RING/Zinc – ribbon
XP_003550768	*GsCHYR*15	1 251	145.129 64	6.34	CHY/RING/Zinc – ribbon/HHE
XP_006601111	*GsCHYR*16	308	35.603 43	6.21	CHY/RING/Zinc – ribbon

3.6.1.2 *GsCHYR*基因家族的进化关系及保守结构域分析

为了阐明*GsCHYR*基因家族的进化关系,本书构建了野生大豆*GsCHYR*基因家族系统发育树,发现*GsCHYR*基因家族共分为三个亚族:A型、B型和C型(图3-33)。其中亚族A型共5个家族成员(*GsCHYR*1、*GsCHYR*4、*GsCHYR*10、*GsCHYR*12与*GsCHYR*16),保守结构域分析得亚族A型基因除*GsCHYR*1,其他成员均含CHY zinc finger结构域、Ring finger结构域和Zinc - ribbon结构域,相对于其他保守结构域,CHY zinc finger结构域具有较强的保守性(图3-34);与亚族A型类似,亚族B型的5个家族成员(*GsCHYR*2、*GsCHYR*6、*GsCHYR*11、*GsCHYR*13与*GsCHYR*14)也具有相同的保守结构域;相反,亚族C型的6个成员(*GsCHYR*3、*GsCHYR*5、*GsCHYR*7、*GsCHYR*8、*GsCHYR*9 与 *GsCHYR*15)含有Hemerythrin HHE cation binding结构域,可能与其功能的分化有重要的关系。

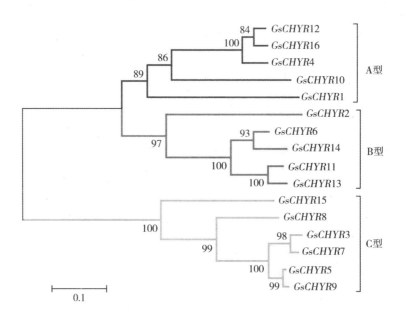

图3-33 *GsCHYR*基因家族的进化树分析

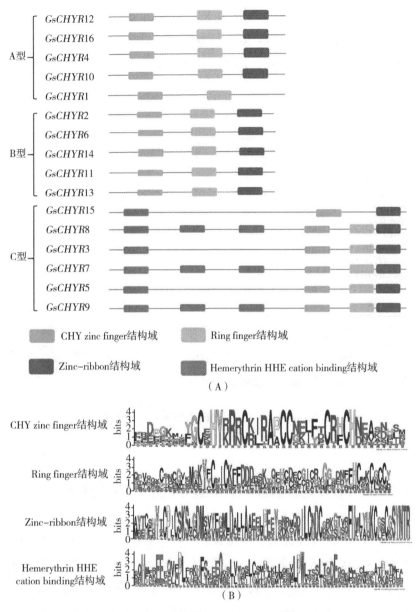

图 3 – 34　*GsCHYR* 基因家族的保守结构域分析

3.6.1.3　*GsCHYR* 基因家族基因结构分析

对 *GsCHYR* 基因家族的基因结构进行分析,结果(图 3 – 35)表明,亚族 A 型与 B 型具有相似的基因结构,分别含有 10~14 个外显子,且基因序列较短。亚族 C 型基因序列较长,含有 13~16 个外显子,每个基因均含有较长的外显子序列。分析结果进一步说明亚族 C 型基因可能与亚族 A 型、B 型基因在植物生长发育中发挥着不同的作用。

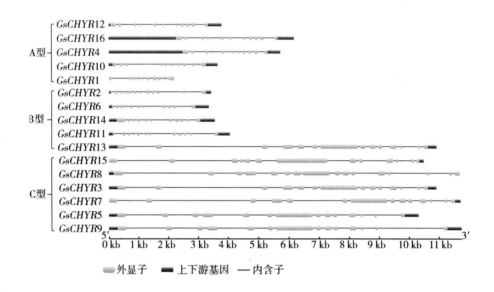

图 3-35 *GsCHYR* 基因家族基因结构分析

3.6.1.4 *GsCHYR* 基因家族在碱胁迫下的表达模式分析

为了研究 *GsCHYR* 基因家族对碱胁迫的响应模式,本书利用实验室前期获得的野生大豆(G07256)碱胁迫(50 mmol/L NaHCO₃, pH = 8.5)下的转录组测序数据,对 *GsCHYR* 基因家族进行表达模式聚类分析,结果如图 3-36 所示,在碱胁迫下,共 14 个基因检测到转录水平的表达。其中,*GsCHYR*16 基因在 3 h、6 h 与 12 h 显著上调表达;*GsCHYR*4 基因在 3 h 上调表达,随着胁迫时间增加,表达量降低并在 24 h 时呈下调表达;此外,*GsCHYR*5、*GsCHYR*6 与 *GsCHYR*15 在碱胁迫下的上调表达量较小,且 *GsCHYR*6 在 1 h 显著下调表达,其他基因的表达量没有显著的波动。以上结果表明,*GsCHYR* 基因家族对碱胁迫的响应模式各不相同,但 *GsCHYR*16 与 *GsCHYR*4 基因可能在碱胁迫响应中具有重要的作用。

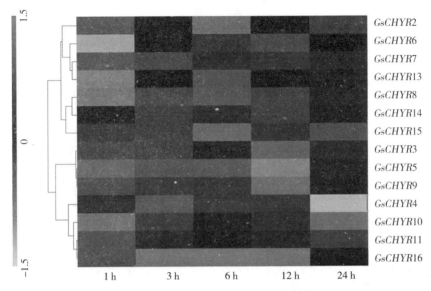

图 3 - 36　*GsCHYR* 基因家族在碱胁迫下表达模式分析

3.6.2　*GsCHYR*4、*GsCHYR*16 基因在碱胁迫下表达模式分析

为了进一步验证 *GsCHYR*4 与 *GsCHYR*16 基因是否响应碱胁迫,本书通过 Real - time PCR 分析了 *GsCHYR*4 与 *GsCHYR*16 基因在野生大豆中碱胁迫下的表达模式,结果如图 3 - 37 所示,在对照组(未处理)中,*GsCHYR*4 与 *GsCHYR*16 基因的表达量无显著性变化。在碱胁迫(50 mmol/L NaHCO$_3$,pH = 8.5)处理下,*GsCHYR*4 基因在 3 h 表达量增高,随着胁迫时间增加表达量降低。*GsCHYR*16基因虽然在 3 h 后表达量下降,但与对照相比,在 3 h、6 h 和 12 h 的表达量均为显著表达。综上,*GsCHYR*4 与 *GsCHYR*16 基因在野生大豆根中均受碱胁迫诱导上调表达,可知其在植物碱胁迫信号传导途径中起着重要的作用。

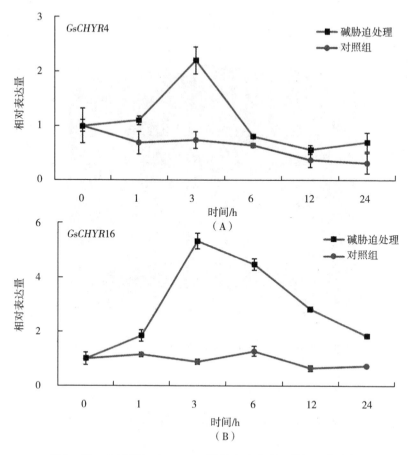

图 3 - 37　*GsCHYR*4、*GsCHYR*16 基因在碱胁迫下的相对表达量

3.6.3　*GsCHYR*4、*GsCHYR*16 基因的组织定位分析

为了阐明 *GsCHYR*4 与 *GsCHYR*16 基因的组织表达特性,通过 Real - time PCR 分析了 *GsCHYR*4 与 *GsCHYR*16 基因在各组织中的表达量,其中包括老叶、幼叶、根、茎与花等组织,结果如图 3 - 38 所示。*GsCHYR*4 与 *GsCHYR*16 基因在各组织中均有表达,并且都在根中的表达量最高,说明这两个基因在野生大豆中的分布具有组织特异性。*GsCHYR*4 在茎中的表达量最低,*GsCHYR*16 在幼叶中的表达量最低。*GsCHYR*4 与 *GsCHYR*16 基因在根中的高表达表明其在根中的重要作用,可能在调控根的生长发育或响应胁迫等方面发挥着重要的作用。

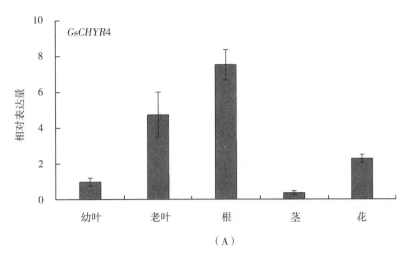

（A）

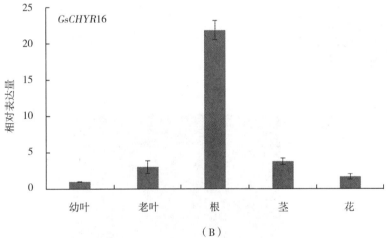

（B）

图 3-38　*GsCHYR*4、*GsCHYR*16 基因在不同组织中的相对表达量

3.7　GsCHYR4、GsCHYR16 蛋白的特性分析

3.7.1　GsCHYR4、GsCHYR16 蛋白的亚细胞定位分析

采用 pCAMBIA‐1302 载体作为分析 GsCHYR4 与 GsCHYR16 蛋白在植物细胞中亚细胞定位的载体,扩增目的片段,连接到 pCAMBIA‐1302 载体。将重组载体转化至根癌农杆菌并侵染烟草叶片,正常条件下培养 2~4 d 后于激光共聚焦显微镜下观察,结果如图 3‐39 所示,对照中未融合的绿色荧光蛋白在烟草下表皮细胞的细胞膜、细胞质和细胞核中均有表达。而与 GsCHYR4 或 GsCHYR16融合的绿色荧光蛋白(eGFP)在细胞核与细胞膜中显著表达,在细胞质中也有少量表达,说明 GsCHYR4 与 GsCHYR16 蛋白在细胞中定位广泛,可能在植物细胞的多个生化反应和信号传导途径中起重要的作用。

eGFP

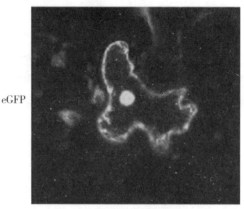

（A）荧光

eGFP

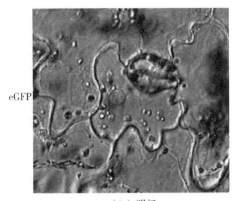

（B）明场

eGFP

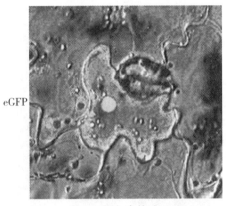

（C）合并后

GsCHYR4-eGFP

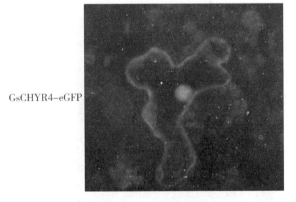

（D）荧光

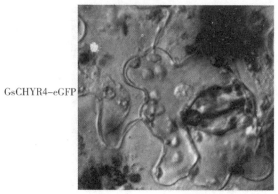

GsCHYR4-eGFP

（E）明场

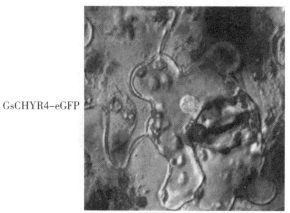

GsCHYR4-eGFP

（F）合并后

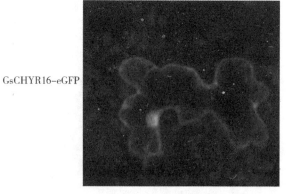

GsCHYR16-eGFP

（G）荧光

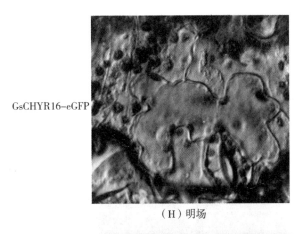

GsCHYR16-eGFP

（H）明场

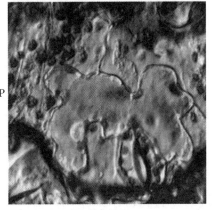

GsCHYR16-eGFP

（I）合并后

图 3 - 39　GsCHYR4、GsCHYR16 蛋白的亚细胞定位

3.7.2　GsCHYR4、GsCHYR16 蛋白的转录激活活性分析

GsERF71 与 GsCHYR4、GsCHYR16 蛋白在酵母体内互作验证表明，GsCHYR4 与 GsCHYR16 蛋白可能具有转录激活活性，为了进一步确定其在酵母体内是否具有转录激活活性，本书将 *GsCHYR*4 与 *GsCHYR*16 基因全长连接到 pGBKT7 载体上，构建酵母激活表达载体。已知的具有转录激活活性的 GsbZIP10 转录因子作为阳性对照，pGBKT7 载体作为阴性对照，分别转化到酵母 AH109 中。在 SD/ - Trp 培养基中，各菌株均能正常生长；在 SD/ - Trp - His 培养基中，GsbZIP10 阳性对照与含有 GsCHYR4、GsCHYR16 的酵母均生长正常，

含有 GsCHYR4 的酵母生长优于含有 GsCHYR16 的酵母,阴性对照则不能生长。进一步采用 Colony – lift Filter Assay 方法检测 LacZ 报告基因的活性,结果如图 3 –40所示,GsbZIP10 阳性对照与含有 GsCHYR4、GsCHYR16 的酵母均能水解 X – Gal 产生蓝色产物。以上结果表明,GsCHYR4 与 GsCHYR16 蛋白具有转录激活活性。

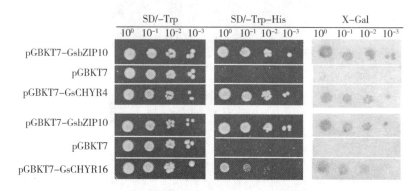

图 3 –40 GsCHYR4 与 GsCHYR16 蛋白的转录激活活性

3.8 *GsCHYR*4、*GsCHYR*16 基因的耐碱功能分析

3.8.1 *GsCHYR*4、*GsCHYR*16 转基因大豆毛状根的获得及分子生物学鉴定

扩增 *GsCHYR*4 与 *GsCHYR*16 片段,连接 HBT – HA 载体构建植物瞬时表达载体 HBT – GsCHYR4 – HA 与 HBT – GsCHYR16 – HA,将连接产物转化大肠杆菌感受态细胞,提取重组载体酶切鉴定并测序验证。根据 pCB302 载体上的多克隆位点,将测序正确的 HBT – GsCHYR4 – HA 与 HBT – GsCHYR16 – HA 载体进行酶切,所得片段与 pCB302 载体连接,构建 pCB302 – GsCHYR4 与 pCB302 – GsCHYR16 植物表达载体。将鉴定正确的重组植物表达载体转化至发根农杆

菌 K599,用于下一步侵染。

通过大豆毛状根诱导流程分别获得超量表达的 *GsCHYR*4 与 *GsCHYR*16 转基因大豆毛状根。分别随机抽取 20 个转基因大豆毛状根,提取基因组,以非转基因为阴性对照,用筛选标记基因 Km 特异性引物对其进行 PCR 扩增检测。如图 3 - 41 所示,*GsCHYR*4 转基因大豆毛状根检测出 20 个阳性毛状根,阳性率为 100%;如图 3 - 42 所示,*GsCHYR*16 转基因大豆毛状根检测出 16 个阳性毛状根,阳性率为 80%。

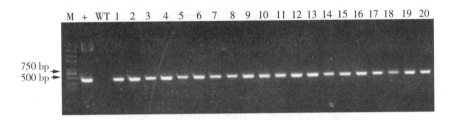

M—DL 5000;+—阳性对照;WT—非转基因大豆毛状根;1～20—转基因大豆毛状根

图 3 - 41 PCR 鉴定

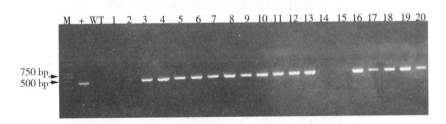

M—DL 5000;+—阳性对照;WT—非转基因大豆毛状根;1～20—转基因大豆毛状根

图 3 - 42 PCR 鉴定

3.8.2 *GsCHYR*4、*GsCHYR*16 转基因大豆毛状根 在碱胁迫下的耐受性分析

为了验证 *GsCHYR*4 与 *GsCHYR*16 基因在大豆中对碱胁迫耐受性的影响,将获得的 *GsCHYR*4 与 *GsCHYR*16 转基因大豆毛状根进行碱胁迫处理,结果如图 3 - 43 所示。在正常培养条件下,转基因与非转基因大豆毛状根均生长正常,在

碱胁迫(30 mmol/L NaHCO₃,pH = 8.5)下处理6 d 后,转基因与非转基因大豆毛状根的生长均受到严重抑制,但与非转基因相比,*GsCHYR*4 与 *GsCHYR*16 转基因大豆毛状根生长受到的抑制较小,*GsCHYR*4 与 *GsCHYR*16 转基因大豆毛状根根重显著大于非转基因大豆毛状根根重。上述结果表明,*GsCHYR*4 与 *GsCHYR*16基因超量表达显著提高了大豆对碱胁迫的耐受性。

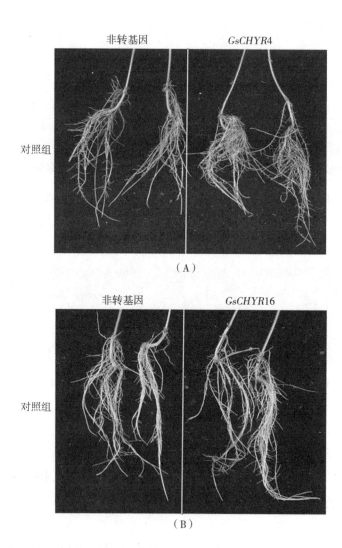

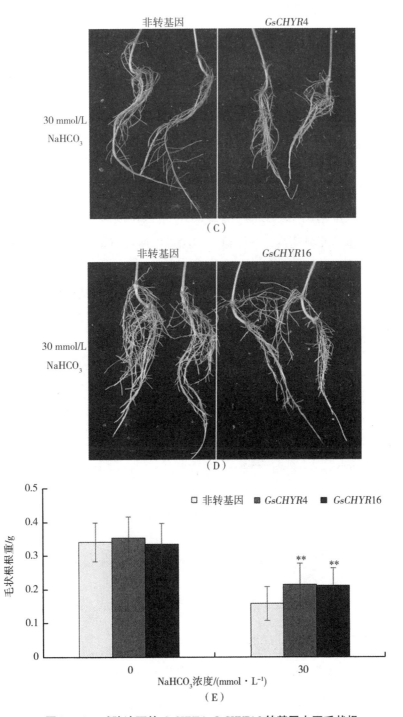

图 3-43 碱胁迫下的 *GsCHYR*4、*GsCHYR*16 转基因大豆毛状根

3.8.3 拟南芥 *AtCHYR*1、*AtCHYR*7 基因沉默突变体的鉴定与功能分析

3.8.3.1 拟南芥 *AtCHYR*1、*AtCHYR*7 基因沉默突变体的鉴定

（1）突变体的 PCR 鉴定

为了进一步阐明 *GsCHYR*4、*GsCHYR*16 基因的功能,本书鉴定并分析了 *GsCHYR*基因拟南芥突变体在碱胁迫下的功能。通过 Blast 比对分析发现,野生大豆 *GsCHYR*4 基因与拟南芥 *At5g*25560 和 *At5g*22920 基因具有最高的氨基酸序列相似性,相似性分别为74.8%与72.2%。同时,野生大豆 *GsCHYR*16 基因与拟南芥 *At5g*25560 和 *At5g*22920 基因也具有最高的氨基酸序列相似性,相似性分别为76.9%与71.1%。因此,本书选用拟南芥 *At5g*25560 与 *At5g*22920 基因的突变体进行下一步实验,*At5g*25560 与 *At5g*22920 基因分别命名为 *AtCHYR*7 与 *AtCHYR*1。

搜索拟南芥数据库（Tair）,选定了 *AtCHYR*1 基因的突变体 SALK_117324,为外显子 T-DNA 插入突变;*AtCHYR*7 基因的突变体 *SALK*_121863,为 3′-UTR 区 T-DNA 插入突变（图 3-44）。

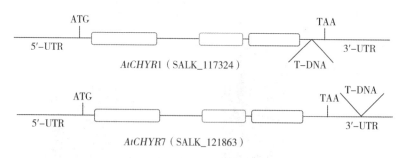

图 3-44 *AtCHYR*1 与 *AtCHYR*7 的 T-DNA 插入图谱

采用三引物法对 *AtCHYR*1 突变植株（SALK_117324）进行纯合鉴定,用T-DNA 插入突变位点两侧的基因特异性引物 LB 和 RB 进行 PCR 扩增,有 2 株植

株未扩增出片段(图 3 – 45),说明这 2 株植株为纯合突变体。进一步通过基因
特异性引物 LB 与 T – DNA 左臂引物进行 PCR 扩增,鉴定出这 2 株纯合突变体
为 T – DNA 插入的突变体(图 3 – 46)。

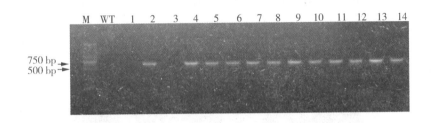

M—DL 2000;WT—野生型植株;1 ~ 14—突变体植株

图 3 – 45 *AtCHYR*1 基因 T – DNA 插入位点两侧的基因特异性引物 PCR 扩增结果

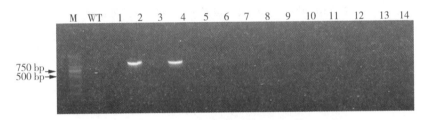

M—DL 2000;WT—野生型植株;1 ~ 14—突变体植株

图 3 – 46 *AtCHYR*1 基因特异性引物 LB 与 T – DNA 左臂引物 PCR 扩增结果

通过三引物法对 *AtCHYR*7 突变植株(SALK_121863)进行纯合鉴定,如图
3 – 47 所示,采用 T – DNA 插入突变位点两侧的基因特异性引物 LB 和 RB 进行
PCR 扩增,有 12 株植株未扩增出片段,说明这 12 株植株为纯合突变体。进一
步通过基因特异性引物 LB 与 T – DNA 左臂引物进行 PCR 扩增,如图 3 – 48 所
示,12 株纯合突变体中有 11 株为 T – DNA 插入的突变体。

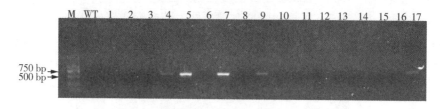

M—DL 2000；WT—野生型植株；1～17—突变体植株

图 3 – 47　*AtCHYR*7 基因 T – DNA 插入位点两侧的基因特异性引物 PCR 扩增结果

M—DL 2000；WT—野生型植株；1～17—突变体植株

图 3 – 48　*AtCHYR*7 基因特异性引物 LB 与 T – DNA 左臂引物 PCR 扩增结果

（2）突变体的 Real – time PCR 鉴定

选取 *AtCHYR*1 与 *AtCHYR*7 基因突变植株进行转录水平的鉴定，以野生型拟南芥为对照，以 *Actin*2 为内参，进行 Real – time PCR 鉴定，由图 3 – 49 可知，*AtCHYR*1 基因在突变体中虽然有微量表达，但表达量显著受到抑制。*AtCHYR*7 基因的 T – DNA 插入在 3′ – UTR 区，对该基因的转录抑制较小，依据后续的表型实验推测该插入位点可能抑制了 AtCHYR7 蛋白的翻译。

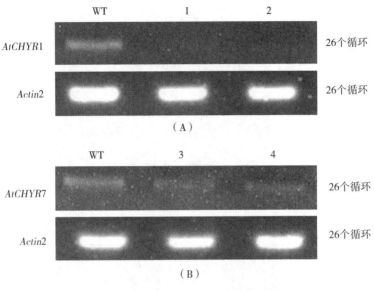

WT—野生型植株;1~4—突变体植株

图 3-49　Real-time PCR 分析

3.8.3.2　拟南芥 AtCHYR1、GsCHYR7 基因沉默突变体萌发期 在碱胁迫下的功能分析

将野生型拟南芥和 AtCHYR1 与 AtCHYR7 纯合突变植株种子分别播种于正常 1/2 MS 固体培养基和含有 7 mmol/L 或 8 mmol/L NaHCO₃ 的 1/2 MS 固体培养基中,培养 12 d 后拍照并统计展叶率。结果如图 3-50 所示,在正常 1/2 MS 固体培养基上,野生型拟南芥和 AtCHYR1 与 AtCHYR7 纯合突变植株正常生长,无明显生长差异,展叶率均能达到 100%(图 3-51)。在 7 mmol/L、8 mmol/L NaHCO₃ 胁迫处理下,野生型拟南芥和 AtCHYR1 与 AtCHYR7 突变植株幼苗的生长均受到抑制,但突变体比野生型拟南芥受到的抑制更为严重;对野生型拟南芥和突变体拟南芥展叶率的统计分析表明,野生型拟南芥的展叶率明显高于突变体,如在 7 mmol/L NaHCO₃ 胁迫处理下,野生型拟南芥的展叶率为 62%,而 AtCHYR7 与 AtCHYR1 突变植株的展叶率分别为 31% 与 33%。以上结果表明,AtCHYR7 与 AtCHYR1 突变植株在拟南芥萌发期提高了其对碱胁迫的敏感性。

对照组

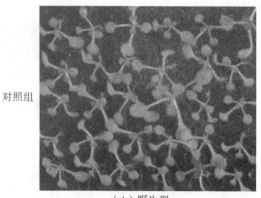

（A）野生型

对照组

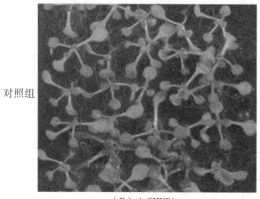

（B）*AtCHYR*1

对照组

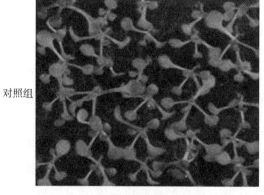

（C）*AtCHYR*7

7 mmol/L
NaHCO₃

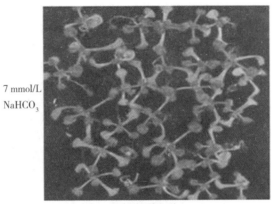

（D）野生型

7 mmol/L
NaHCO₃

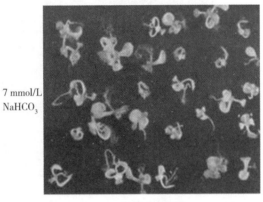

（E）*AtCHYR*1

7 mmol/L

NaHCO₃

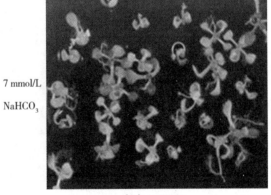

（F）*AtCHYR*7

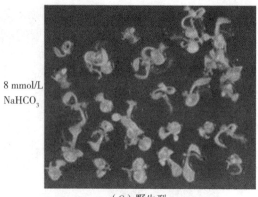

（G）野生型

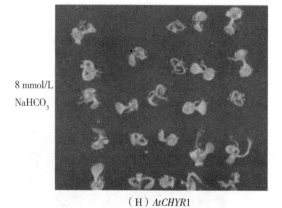

（H）*AtCHYR*1

8 mmol/L
NaHCO₃

（I）*AtCHYR*7

图 3 - 50　拟南芥在碱胁迫处理下的萌发期表型

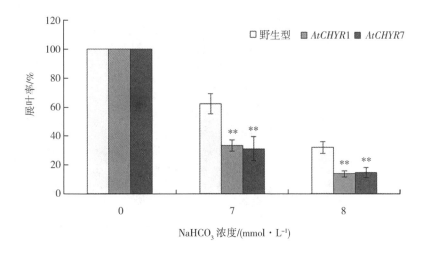

图 3 – 51 拟南芥在碱胁迫下的展叶率

3.8.3.3 拟南芥 *AtCHYR*1、*AtCHYR*7 基因沉默突变体成苗期 在碱胁迫下的功能分析

为了进一步确定 *AtCHYR*1 与 *AtCHYR*7 突变植株在碱胁迫下的功能,分析其在成苗期对碱的耐受性。将野生型及 *AtCHYR*1 与 *AtCHYR*7 突变植株种子播种于土中,当幼苗长至 18 d 时,用 100 mmol/L $NaHCO_3$ 溶液浇灌处理,每 4 d 浇灌一次,共处理 24 d,观察各株系在胁迫后的生长状态并拍照。结果如图 3 – 52 所示,在碱胁迫处理前,野生型拟南芥和 *AtCHYR*1 与 *AtCHYR*7 突变植株生长正常且一致。碱胁迫处理后,野生型拟南芥和 *AtCHYR*1 与 *AtCHYR*7 突变植株生长均受到抑制,表现出叶片变紫、失绿,而野生型拟南芥生长状态较突变植株相对较好,叶片相对较绿。对比结果说明,*AtCHYR*1 与 *AtCHYR*7 突变植株在拟南芥成苗期表现出对碱胁迫的敏感性。

野生型

（A）处理前

野生型

（B）100 mmol/L NaHCO$_3$

*AtCHYR*1

（C）处理前

*AtCHYR*1

（D）100 mmol/L NaHCO₃

*AtCHYR*7

（E）处理前

*AtCHYR*7

（F）100 mmol/L NaHCO₃

图 3 – 52 拟南芥在碱胁迫处理下的成苗期表型

进一步分别测定野生型拟南芥及*AtCHYR*1 与*AtCHYR*7 突变植株在碱胁迫下的叶绿素及 MDA 含量,结果如图 3－53 所示。在正常培养条件下,拟南芥株系之间的叶绿素及 MDA 含量并无显著性差异;在碱胁迫条件下,*AtCHYR*1 与*AtCHYR*7 突变植株的叶绿素含量显著低于野生型,而 MDA 含量显著高于野生型。对比结果说明,*AtCHYR*1 与*AtCHYR*7 突变植株对碱胁迫的敏感性导致叶绿素含量下降及 MDA 含量升高。

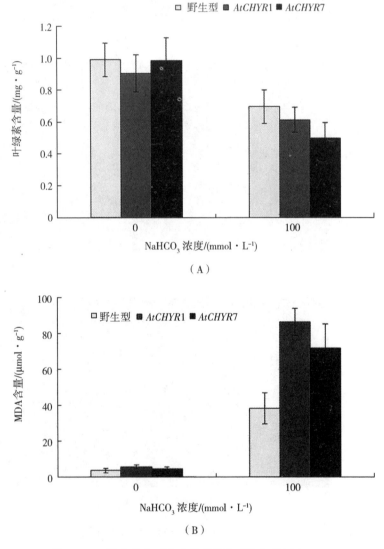

图 3－53　拟南芥在碱胁迫处理下生理指标的测定

3.8.4 拟南芥 *AtCHYR*1、*AtCHYR*7 基因沉默突变体响应碱胁迫的分子机制研究

研究表明,NaHCO₃胁迫会导致植物细胞感受到外界 pH 值的影响,从而引起细胞 pH 值波动,而 *NADP － ME* 和 *H⁺ － ATPase* 基因对植物应对碱胁迫、调节细胞中 pH 的稳定起着重要的作用。*COR*47 与 *RD*29*A* 是植物响应非生物胁迫的 Marker 基因。为了深入探讨 *AtCHYR*1 与 *AtCHYR*7 突变提高植物碱胁迫敏感性的分子机制,本书分析了野生型拟南芥和突变体植株中 *NADP － ME*、*H⁺ － ATPase*、*COR*47 与 *RD*29*A* 在碱胁迫条件下的表达模式。如图 3 － 54 所示,在正常情况下,这 4 个 Marker 基因在突变体中的表达量低于在野生型拟南芥中的表达量,表明 *AtCHYR*1 与 *AtCHYR*7 突变影响了拟南芥的正常生长,即 *AtCHYR*1、*AtCHYR*7 基因可能在拟南芥生长发育中起着一定的作用。在碱胁迫处理下,*NADP － ME*、*H⁺ － ATPase*、*COR*47 与 *RD*29*A* 基因在野生型拟南芥中随着处理时间增加表达量增高,但在 *AtCHYR*1 与 *AtCHYR*7 突变植株中,其均为下调表达。综上所述,*AtCHYR*1、*AtCHYR*7 基因可能通过调控 *NADP － ME*、*H⁺ － ATPase*、*COR*47 与 *RD*29*A* 等非生物胁迫响应基因的表达量而提高对碱胁迫的耐受性。

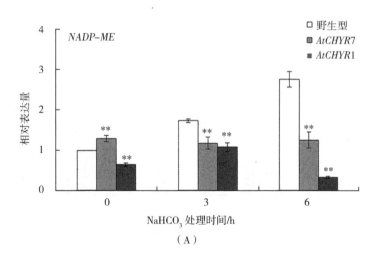

（A）

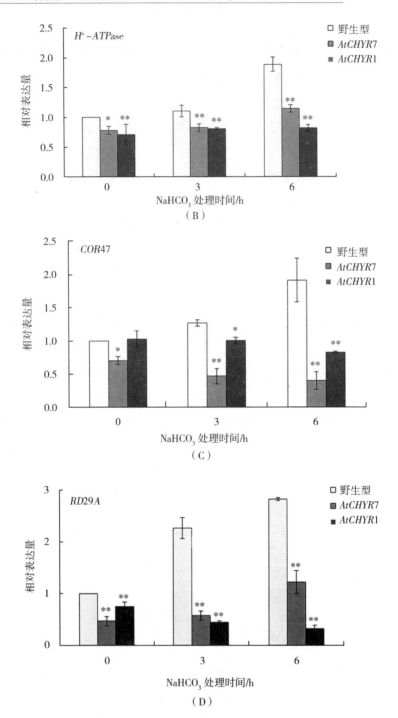

图 3 – 54　*AtCHYR*1 与 *AtCHYR*7 突变拟南芥和野生型拟南芥

在碱胁迫下 Marker 基因表达模式分析

3.9 GsERF71 与 GsSNRP 在酵母体内互作验证 及 GsSNRP 亚细胞定位分析

3.9.1 GsERF71 与 GsSNRP 在酵母体内互作的验证

共转化酵母 AH109,涂布于筛选培养基中,如图 3 - 55 所示,重组菌均能在 SD/ – Leu – Trp 培养基中正常生长,含有 pGBKT7 – GsERF71N 与 pGADT7 – GsSNRP 的共转化酵母能在 SD/ – Leu – Trp – His 培养基中正常生长,结果表明, GsERF71 能与 GsSNRP 在酵母体内互作。

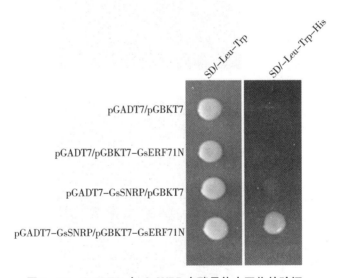

图 3 - 55 GsERF71 与 GsSNRP 在酵母体内互作的验证

3.9.2　GsSNRP 亚细胞定位分析

采用 pCAMBIA - 1302 载体作为分析 GsSNRP 蛋白在植物细胞中亚细胞定位的载体,扩增目的片段,连接到 pCAMBIA - 1302 载体。将重组载体转化至根癌农杆菌并侵染烟草叶片,正常条件下培养 2～3 d 后于激光共聚焦显微镜下观察烟草叶片。结果如图 3 - 56 所示,对照中非融合的绿色荧光蛋白在烟草下表皮细胞的细胞膜、细胞质和细胞核中均有表达。而与 GsSNRP 融合的绿色荧光蛋白在细胞核中显著表达,说明 GsSNRP 蛋白在细胞核中起着重要的作用。

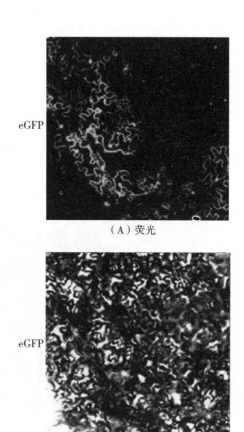

（A）荧光

（B）明场

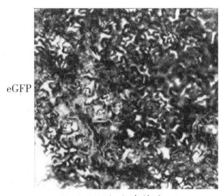

eGFP

（C）合并后

GsSNRP-eGFP

（D）荧光

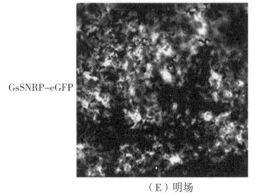

GsSNRP-eGFP

（E）明场

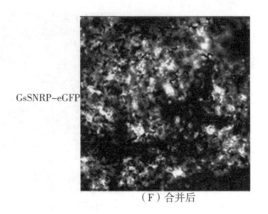

GsSNRP–eGFP

（F）合并后

图 3 – 56　GsSNRP 蛋白亚细胞定位分析

3.10　*GsSm* 基因家族生物信息学分析

3.10.1　*GsSm* 基因家族的确定

本书通过 Blast 比对,预测并确定了 56 个 *GsSm* 基因,*GsSm* 基因家族的基本信息如表 3 – 3 所示,包括基因名,编码区编码蛋白质氨基酸残基数、相对分子质量、等电点,所在染色体等。

表 3 - 3　野生大豆 *Sm* 基因家族列表

编号	基因名	编码区	氨基酸残基数	相对分子质量	等电点	染色体
1	*GsSm*1	1 977	658	72 252.71	9.25	1
2	*GsSm*2	1 836	611	64 596.84	6.94	1
3	*GsSm*3	1 689	562	60 448.48	8.39	1
4	*GsSm*4	867	228	24 922.29	6.97	2
5	*GsSm*5	294	97	11 198.80	4.78	2
6	*GsSm*6	351	116	12 766.02	11.06	2
7	*GsSm*7	1 791	596	63 152.13	6.91	2
8	*GsSm*8	1 851	616	65 158.35	7.25	2
9	*GsSm*9	450	149	16 145.28	10.07	2
10	*GsSm*10	849	282	29 616.66	11.55	2
11	*GsSm*11	282	93	10 691.33	6.83	3
12	*GsSm*12	345	114	12 607.86	11.06	3
13	*GsSm*13	240	79	8 834.22	9.22	3
14	*GsSm*14	450	149	16 032.16	10.14	3
15	*GsSm*15	2 274	757	86 229.78	9.19	4
16	*GsSm*16	2 046	681	75 202.99	8.81	4
17	*GsSm*17	1 791	596	63 287.33	6.74	4
18	*GsSm*18	264	87	9 603.06	4.53	5
19	*GsSm*19	300	99	10 718.21	4.62	5
20	*GsSm*20	327	108	12 491.62	9.88	5
21	*GsSm*21	2 304	767	87 196.74	9.15	6
22	*GsSm*22	1 983	660	73 802.04	9.38	6

续表

编号	基因名	编码区	氨基酸残基数	相对分子质量	等电点	染色体
23	GsSm23	2 046	681	74 951.82	9.01	6
24	GsSm24	267	88	10 299.21	9.99	6
25	GsSm25	387	128	14 555.80	4.97	7
26	GsSm26	1 620	539	58 629.29	8.94	7
27	GsSm27	306	101	11 398.44	4.94	8
28	GsSm28	300	99	10 736.24	4.62	8
29	GsSm29	396	131	14 231.65	10.43	8
30	GsSm30	297	98	10 652.07	4.68	8
31	GsSm31	2 187	728	83 249.08	7.28	9
32	GsSm32	327	108	12 077.29	9.07	9
33	GsSm33	2 151	716	78 919.91	9.12	9
34	GsSm34	1 770	589	63 349.84	6.28	9
35	GsSm35	276	91	9 852.21	9.13	9
36	GsSm36	450	149	16 141.29	10.07	10
37	GsSm37	327	108	12 479.56	9.88	10
38	GsSm38	2 793	930	107 340.27	6.71	10
39	GsSm39	240	79	8 804.19	9.22	11
40	GsSm40	846	281	29 371.30	11.28	14
41	GsSm41	2 142	713	81 687.55	8.19	15
42	GsSm42	333	110	12 649.68	5.09	16
43	GsSm43	1 215	404	44 024.82	6.97	16
44	GsSm44	948	315	34 632.59	9.21	16

续表

编号	基因名	编码区	氨基酸残基数	相对分子质量	等电点	染色体
45	GsSm45	2 082	693	80 540.94	8.58	16
46	GsSm46	2 016	671	76 632.22	8.22	16
47	GsSm47	294	97	11 168.77	4.78	16
48	GsSm48	267	88	10 286.21	9.99	17
49	GsSm49	276	91	9 810.13	9.13	18
50	GsSm50	345	114	12 607.86	11.06	19
51	GsSm51	240	79	8 834.22	9.22	19
52	GsSm52	498	165	18 932.98	5.20	19
53	GsSm53	267	88	9 965.40	4.36	20
54	GsSm54	2 664	887	102 543.10	8.12	20
55	GsSm55	1 857	618	70 744.90	8.88	20
56	GsSm56	327	108	12 433.54	9.88	20

3.10.2 *GsSm* 基因家族的进化关系分析

研究表明,拟南芥 *AtSm* 基因家族共有 42 个成员,分为 14 个亚家族。为了进一步阐明 *GsSm* 基因家族的进化关系,本书构建了拟南芥与野生大豆 *GsSm* 基因家族系统发育树。结果(图 3 - 57)表明,根据拟南芥 *AtSm* 基因家族的进化关系,野生大豆 *GsSm* 基因家族也分为 14 个亚族:A ~ N。其中 A 亚族的家族成员最多,M 与 D 亚族都只有一个成员。结果表明,*GsSm* 基因家族成员的进化关系较远,且比较复杂,其可能在细胞的生物学过程中发挥着不同的作用。

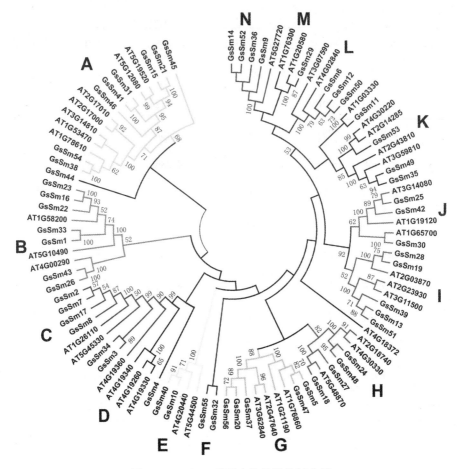

图 3 – 57　*GsSm* 基因家族的进化树分析

3.10.3　*GsSm* 基因家族在碱胁迫下的表达模式分析

为了研究 *GsSm* 基因家族对碱胁迫的响应模式,本书利用实验室前期获得的野生大豆(G07256)碱胁迫(50 mmol/L NaHCO₃,pH = 8.5)下的转录组测序数据,对 *GsSm* 基因家族进行表达模式聚类分析。结果如图 3 – 58 所示,在碱胁迫下,共 14 个基因检测到转录水平的表达。其中,4 个 *GsSm* 基因(*GsSm*3、*GsSm*23、*GsSm*43 与 *GsSm*46)受碱胁迫诱导上调表达,而 10 个 *GsSm* 基因(*GsSm*6、*GsSm*15、*GsSm*21、*GsSm*28、*GsSm*29、*GsSm*36、*GsSm*37、*GsSm*40、*GsSm*44 与 *GsSm*56)受碱胁迫诱导下调表达。其中 *GsSm*3 与 *GsSm*23 在 3 h 诱导上调表达,而下调表达的基因多集中在 12 h 下调表达。以上结果表明, *GsSm* 基因家族对碱胁迫的响应模式各不相同, 其可能在碱胁迫的响应中参与不同的信号传导途径。

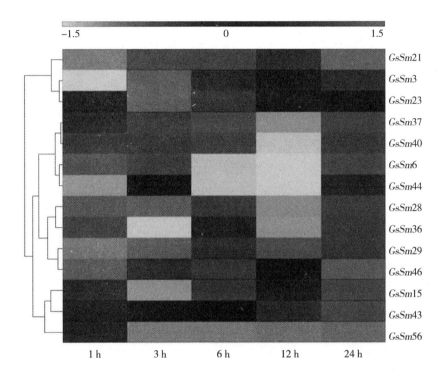

图 3-58　*GsSm* 基因家族在碱胁迫下的表达模式分析

4 讨论

4.1 GsERF71 转录因子介导的碱胁迫信号传导通路

4.1.1 *GsERF*71 基因响应碱胁迫信号的调节作用

植物 AP2/ERF 类转录因子是含有保守的 AP2 结构域的数量庞大的转录因子,其亚族 ERF 类转录因子广泛参与了植物生长发育、激素信号传导及非生物胁迫响应。如研究发现烟草中的 ERF109 转录因子参与细胞程序化死亡,并积极响应对盐胁迫的耐受性。AtERF019 不仅能延迟拟南芥的生长和衰老,而且能提高拟南芥对干旱的耐受性。水稻 OsERF71 通过影响根的生长响应干旱胁迫。在拟南芥中,AtERF71 通过调节根细胞的伸长以促进根的生长。本书中的 GsERF71 转录因子是在野生大豆碱胁迫转录组调控网络中筛选得到的,能积极响应碱胁迫的诱导。

野生大豆与栽培大豆具有较近的同源关系,实验室前期研究表明,野生大豆 GsERF71 蛋白与栽培大豆 GsERF71 的氨基酸同源性为 98.35%,且 AP2 保守结构域氨基酸残基相同,其可能在生物学过程中具有相似或相同的功能。超量表达 GsERF71 能提高拟南芥对 $NaHCO_3$ 的耐受性,GsERF71 能调控生长素合成相关基因的表达,并通过 DRE 和 GCC 元件调控 $H^+ - ATPase$ 等非生物胁迫相关基因的表达。本书将 GsERF71 基因超量表达于大豆毛状根中,发现转基因大豆毛状根对碱胁迫的耐受性显著提高。同时,通过酵母双杂交发现,GsERF71 是以同源二聚体的形式发挥作用的。综上所述,在碱胁迫信号传导通路中,GsERF71 转录因子可能以同源二聚体的形式结合 DRE 和 GCC 元件,以调控下游生长素及非生物胁迫相关基因的表达。

4.1.2 GsERF71 转录因子的稳定性分析

大量研究表明,RING E3 主要参与泛素/26S 蛋白酶体途径,在底物蛋白降解途径中起着重要的作用。本书通过酵母双杂交发现 GsERF71 转录因子能与

RING E3 互作,推测 GsERF71 蛋白可能通过泛素/26S 蛋白酶体降解途径进行降解。在表达 GsERF71 蛋白的拟南芥原生质体中发现,GsERF71 蛋白能通过泛素/26S 蛋白酶体途径降解,稳定性高,降解速率较低。同时,提取表达 GsERF71蛋白的拟南芥原生质体总蛋白,在植物体外进行降解实验发现,GsERF71蛋白在植物体外的稳定性更高。上述实验证明 GsERF71 蛋白能通过泛素/26S 蛋白酶体降解途径进行降解,但降解速率较低,推测其可能需要进行磷酸化等修饰。

4.2 *GsCHYR*4、*GsCHYR*16 基因介导的碱胁迫信号传导通路

4.2.1 *GsCHYR*4、*GsCHYR*16 对植物耐碱性的影响

RING E3 主要通过泛素/26S 蛋白酶体途径参与植物生长发育及各种代谢,是一类数量庞大的 RING finger 锌指蛋白。在蛋白降解途径中,RING E3 泛素连接酶能与 E2 泛素连接酶特异性结合,通过泛素化修饰底物蛋白,参与底物蛋白的降解。目前已有大量研究表明该类蛋白质在植物非生物胁迫反应及植物信号传导途径中起着重要作用。如研究表明,水稻中的 *OsSADR*1(RING finger 蛋白1)参与了 ABA 响应的信号传导途径,超量表达 *OsSADR*1 能提高植物对 ABA 的耐受性,但降低了对盐和干旱的耐受性。相反,*OsSADR*2(RING finger 蛋白2)的超量表达提高了植物对盐和渗透胁迫的耐受性。玉米中的 RING E3 ZmAIRP4 与 ZmXerico1 均能提高植物对干旱的耐受性。

我们通过酵母双杂交获得了 2 个与 GsERF71 转录因子互作的 RING E3（GsCHYR4 与 GsCHYR16）,其具有 Ring finger 锌指结构域和Zinc - ribbon 结构域,以及独特的 CHY zinc finger 结构域。表达模式分析表明,*GsCHYR*4 与 *GsCHYR*16基因分别在碱胁迫处理 3 h 时显著上调表达。为了进一步探究 *GsCHYR*4与 *GsCHYR*16 基因在碱胁迫下的功能,本书通过超量表达及拟南芥突变体筛选两条途径进行验证。

一方面通过建立发根农杆菌介导的大豆毛状根生成体系,于大豆毛状根中超量表达 *GsCHYR*4 与 *GsCHYR*16 基因,进行碱胁迫处理,结果表明 *GsCHYR*4 与 *GsCHYR*16 基因的超量表达提高了大豆毛状根对碱胁迫的耐受性。另一方面,通过 Blast 比对发现,*GsCHYR*4 基因与拟南芥中 *AtCHYR*7 与 *AtCHYR*1 基因具有最高的相似性,相似性分别为 74.8% 与 72.2% ; *GsCHYR*16 基因与 *AtCHYR*7、*AtCHYR*1 基因相似性分别为 76.9% 与71.1%。因此筛选并验证了 *AtCHYR*1 与 *AtCHYR*7 在碱胁迫下的功能。在碱胁迫下,*AtCHYR*1 与 *AtCHYR*7 突变拟南芥的展叶率显著低于野生型拟南芥。在成苗期,*AtCHYR*1 与 *AtCHYR*7 突变拟南芥的生长受抑制更为明显,叶片枯萎、变紫,突变体的叶绿素含量显著低于野生型,MDA 含量显著高于野生型。结果表明,*AtCHYR*1 与 *AtCHYR*7 突变拟南芥提高了对碱胁迫的敏感性,即 *AtCHYR*1 与 *AtCHYR*7 基因可能提高植物对碱胁迫的耐受性。以上研究表明,野生大豆中的 *GsCHYR*4、*GsCHYR*416 基因与拟南芥中的 *AtCHYR*1、*AtCHYR*7 基因均能提高植物对碱胁迫的耐受性。

4.2.2 *CHYR* 基因响应碱胁迫的机制

与其他 RING finger 锌指蛋白亚家族不同的是,本书通过酵母激活活性分析发现,*GsCHYR*4 与 *GsCHYR*16 基因在酵母体内具有转录激活活性,可能在调控基因表达方面具有重要的作用。上述研究表明,*GsCHYR*4 与 *GsCHYR*16 基因提高了植物对碱胁迫的耐受性,因此,它们可能通过调控非生物胁迫相关 Marker 基因的表达响应碱胁迫。通过 Real-time PCR 方法检测了拟南芥突变植株与野生型植株中 *NADP-ME*、$H^+-ATPase$、*COR*47 与 *RD*29A 在碱胁迫条件下的表达模式。与预期结果一致的是,以上 Marker 基因在突变体中的表达量显著低于在野生型拟南芥中的表达量。*NADP-ME* 为 NADP-苹果酸酶基因,在调节植物细胞 pH 环境中起着重要作用。$H^+-ATPase$ 酶通过向细胞外输送 H^+ 以缓冲细胞外的 pH 环境。研究表明,$NaHCO_3$ 胁迫的同时会导致植物细胞产生 pH 胁迫,而 *NADP-ME* 和 $H^+-ATPase$ 基因对植物响应碱胁迫、调节细胞中 pH 环境稳定起着重要的作用。同时,*COR*47 与 *RD*29A 在响应渗透胁迫等非生物胁迫中起着重要的作用。综上所述,在碱胁迫下,拟南芥 *AtCHYR*1、*AtCHYR*7 基因可能通过调节 *NADP-ME* 与 $H^+-ATPase$ 等碱胁迫 Marker 基因和 *COR*47 与

RD29A 等非生物胁迫响应基因的表达量响应碱胁迫。

4.2.3 GsERF71、GsCHYR4、GsCHYR16 介导的植物耐碱分子机制

酵母双杂交与双分子荧光互补实验证实了 GsERF71 蛋白能分别与 GsCHYR4、GsCHYR16 蛋白相互作用,发现 GsCHYR4、GsCHYR16 蛋白与 GsERF71转录因子一样具有转录激活活性且都在细胞核中定位,同时,GsERF71 蛋白的稳定性较高。根据以上结论,我们推测:在碱胁迫下,GsCHYR4 或 GsCHYR16蛋白能与自身形成同源二聚体的 GsERF71 转录因子互作,共同调控下游 $NADP-ME$、$H^+-ATPase$ 或 $COR47$ 等非生物胁迫相关基因的表达,响应碱胁迫的诱导;在发挥作用后,GsERF71 转录因子需要经某种修饰后通过泛素/26S 蛋白酶体途径降解。

4.2.4 GsERF71、GsSNRP 介导的植物耐碱分子机制

本书在酵母体内验证了 GsERF71 与 GsSNRP 蛋白的相互作用,并发现 GsSNRP蛋白定位于细胞核中。研究表明 Sm 类蛋白作为分子伴侣调节基因表达,且 GsERF71 蛋白也定位在细胞核中,在植物体内不稳定,可以通过泛素/26S 蛋白酶体途径降解。因此,我们推断 GsSNRP 蛋白可能作为分子伴侣与 GsERF71互作,进一步调控 GsERF71 在细胞内的活性及稳定性。

4.3 下一步工作展望

植物响应盐碱胁迫的信号通路较为复杂。目前,以 SOS 通路为代表的盐胁迫信号传导通路已研究得较为深入,但碱胁迫信号传导通路仍需进一步研究。

本书基于实验室前期挖掘的碱胁迫响应基因 *GsERF71*,筛选并获得与 GsERF71转录因子互作的蛋白,分析了互作蛋白的表达特性与蛋白特性,确定了互作蛋白基因的耐碱功能,初步阐明了响应碱胁迫的分子机制。但是,

GsCHYR4或 GsCHYR16 互作于拟南芥突变体中过表达是否会提高碱胁迫的耐受性,GsCHYR4 或 GsCHYR16 蛋白与 GsERF71 转录因子是否共同调控基因的表达,GsERF71 是否能被 GsCHYR4 或 GsCHYR16 蛋白降解,GsERF71 转录因子是否被修饰后再参与降解途径,GsCHYR4 或 GsCHYR16 蛋白结合的瞬时作用元件是什么,在盐碱胁迫下 GsSNRP 蛋白是否作为分子伴侣通过与 GsERF71 转录因子互作调控 GsERF71 转录因子在植物细胞中的稳定性与转录活性等等,这些问题仍需进一步探究。

5 结论

5.1 构建了野生大豆酵母双杂交 cDNA 文库

利用实验室前期从盐碱地筛选的野生大豆株系（G07256），分别提取 50 mmol/L NaHCO₃（pH = 8.5）和 200 mmol/L NaCl 胁迫处理的总 RNA，构建了野生大豆酵母双杂交 cDNA 文库。统计得该文库共 2.54×10^6 个转化子，cDNA 的插入率为 75%，文库复苏后的滴度大于 3.27×10^7。以上结果表明，该文库的滴度及覆盖度符合文库构建要求。

5.2 筛选、鉴定、验证了 GsERF71 转录因子的互作蛋白

5.2.1 互作蛋白的筛选及鉴定

通过酵母融合形成接合子的方法，共筛选到 4 个可能与 GsERF71 互作的蛋白质，即 GsCHYR4、GsCHYR16、GsERF71 与 GsSNRP。其中 GsCHYR16 与 GsCHYR4 为 RING E3，氨基酸残基分别为 309 个和 308 个，两者具有 87% 的氨基酸序列同源性，含有 CHY zinc finger 结构域、Ring finger 结构域和 Zinc - ribbon结构域。GsSNRP 蛋白是保守的小核糖核蛋白，具有两个保守的 Sm1 与 Sm2 结构域，可能在 RNA 剪切过程中发挥重要作用。

5.2.2 互作蛋白的验证

进一步通过酵母双杂交与双分子荧光互补实验确定与 GsERF71 互作的蛋白 GsCHYR4、GsCHYR16 与 GsERF71。通过酵母双杂交实验确定了 GsERF71 与 GsSNRP 互作。

5.3 解析了 GsERF71 转录因子的稳定性

将 GsERF71 蛋白瞬时表达于拟南芥原生质体中,在 MG132 处理下分析其稳定性,结果表明 GsERF71 通过泛素/26S 蛋白酶体途径降解。在 MG132 或 ATP 处理下分析其稳定性,结果表明 GsERF71 蛋白在体外的稳定性较强,降解效率较低,表明该蛋白质的降解可能需要某种修饰。

5.4 确定了 GsERF71 与 GsCHYR16 蛋白互作的最小结构域

通过酵母双杂交确定了 GsERF71 与 GsCHYR16 互作的最小结构域为 GsERF71蛋白的 N 端 1～131 氨基酸(含 AP2 结构域)与 GsCHYR16 蛋白的 N 端 1～243 氨基酸(含 CHY zinc finger 结构域与 Ring finger 结构域)。

5.5 阐明了 *GsCHYR*4、*GsCHYR*16 基因的表达特性

①Real - time PCR 分析表明,在碱胁迫下,*GsCHYR*4 基因在 3 h 表达量最高,但随着胁迫时间增加表达量降低;*GsCHYR*16 基因相对于对照在 3 h、6 h 和 12 h 均显著表达。*GsCHYR*4、*GsCHYR*16 在碱胁迫下的表达模式与野生大豆根在碱胁迫下的转录组测序数据一致。

②Real - time PCR 分析表明,*GsCHYR*4 基因在野生大豆老叶、幼叶、根、茎与花等组织中均有表达,在根中的表达量最高,在茎中的表达量最低。*GsCHYR*16基因在各组织中均有表达,在根中的表达量最高,在幼叶中的表达量最低。*GsCHYR*4 与 *GsCHYR*16 基因均在根中高量表达,表明其可能在调控根的生长发育中或在响应胁迫途径中发挥着重要的作用。

5.6 阐明了 GsCHYR4、GsCHYR16 蛋白的特性

①采用农杆菌侵染烟草叶片的方法,通过激光共聚焦显微镜观察烟草叶片下表皮细胞,结果表明,GsCHYR4 与 GsCHYR16 均定位在细胞核与细胞膜中,在细胞质中也有少量表达。GsCHYR4 与 GsCHYR16 蛋白在细胞中的广泛定位,表明其可能在植物细胞的多个生化反应和信号传导中起重要的作用。

②通过构建 *GsCHYR4* 与 *GsCHYR16* 基因酵母表达载体,在酵母细胞中检测了 GsCHYR4 与 GsCHYR16 蛋白的转录激活活性,结果表明 GsCHYR4 与 GsCHYR16蛋白具有转录激活活性,可调控下游基因表达。

5.7 验证了 *GsERF*71 与 *GsCHYR*4、*GsCHYR*16 基因的耐碱功能

①建立发根农杆菌介导的大豆毛状根转化体系,将获得的 *GsERF*71、*GsCHYR*4 与 *GsCHYR*16 转基因大豆毛状根进行了碱胁迫处理,结果表明超量表达 *GsERF*71、*GsCHYR*4 与 *GsCHYR*16 基因均能提高大豆毛状根对碱胁迫的耐受性。

②筛选拟南芥中与 *GsCHYR*4、*GsCHYR*16 基因相似性最高的 *AtCHYR*1 与 *AtCHYR*7,对 *AtCHYR*1 与 *AtCHYR*7 突变株系在萌发期、成苗期的耐碱功能进行分析,结果表明 *AtCHYR*1 与 *AtCHYR*7 拟南芥突变体降低了对碱胁迫的耐受性。

5.8 初步阐明了 *AtCHYR*1、*AtCHYR*7 基因响应碱胁迫的分子机制

对野生型拟南芥及 *AtCHYR*1 与 *AtCHYR*7 突变拟南芥在碱胁迫下相关 Marker基因的表达量进行了分析,结果表明,碱胁迫响应基因 *NADP* – *ME* 与

H^+ – *ATPase* 在突变体中的表达量均低于野生型，同样，非生物胁迫响应基因 *COR47* 与 *RD29A* 在突变体中的表达量均低于野生型。表明 *AtCHYR*1、*AtCHYR*7 基因可能通过调控植物细胞 H^+ 的含量、转运及其他非生物胁迫响应途径响应碱胁迫。

5.9 初步阐明了 GsSNRP 蛋白的特性

通过构建目的基因与 eGFP 蛋白融合的表达载体，采用农杆菌侵染烟草叶片法，确定 GsSNRP 蛋白定位于细胞核中。通过 NCBI 数据库 Blast 比对获得了 *GsSNRP* 基因的全部 *GsSm* 基因。分析了 *Sm* 基因家族编码蛋白质的特性、进化关系及碱胁迫下的表达特性等，阐明了 *Sm* 基因家族的进化特点，并获得 14 个响应碱胁迫的 *GsSm* 基因。

附 录

1. Gateway® Cloning 实验步骤

（1）根据载体 pDONR221 上的序列，设计目的基因的上下游引物。

（2）PCR 扩增目的基因片段。

（3）将 PCR 产物（15～150 ng）、供体载体（150 ng）、TE 缓冲液（pH = 8.0）混合添加到 200 μL 离心管中，滴至 10 μL。

（4）将 Invitrogen BP Clonase Ⅱ酶混合物置于冰水混合浴中融化，短暂涡旋离心。

（5）加 2 μL Invitrogen BP Clonase Ⅱ酶混合物于上述离心管中，充分混合，短暂涡旋离心。

（6）25 ℃（最好置于 PCR 仪中）孵育 1 h，充分反应。

（7）加入 1 μL 蛋白酶 K 溶液于上述离心管中以终止反应。

（8）在 37 ℃下孵育 10 min。

（9）取 2～3 μL 反应产物转化大肠杆菌感受态，预期获得 >1 500 个菌落。

（10）提取载体（入门克隆载体）。

（11）将入门克隆载体（50～150 ng）、目标载体（150 ng）、TE 缓冲液（pH = 8.0）混合，添加到 200 μL 离心管中，滴至 10 μL。

（12）将 Invitrogen LR Clonase Ⅱ酶混合物置于冰水混合浴中融化，短暂涡旋离心。

（13）加 2 μL Invitrogen LR Clonase Ⅱ酶混合物于上述离心管中，充分混合，短暂涡旋离心。

（14）25 ℃（最好置于 PCR 仪中）孵育 1 h，充分反应，37 ℃下孵育 10 min，转化大肠杆菌感受态细胞。

（15）在含有合适抗生素的 LB 平板上进行阳性克隆筛选。

2.原生质体的分离与转化

（1）质粒的大量提取

试剂的配制：

①溶菌酶（10 mg/mL）：100 μL 1 mol/L Tris – HCl（pH = 8.0），0.1 g 溶菌酶，加超纯水定容至 10 mL，混匀后分装至小管，– 20 ℃保存。

②1 × TE（pH = 8.0）：5 mL 1 mol/L Tris – HCl（pH = 8.0），1 mL 0.5 mol/L EDTA，加超纯水定容至 500 mL，高温高压灭菌，室温保存。

③RNA 酶（10 mg/mL）：0.1 g RNA 酶，33 μL 3 mol/L 乙酸钠（pH = 5.2），加超纯水定容至 9 mL，沸水浴 10 min，冷却至室温后置于 – 20 ℃保存。

④25% 蔗糖溶液：25 g 蔗糖，5 mL 1 mol/L Tris – HCl（pH = 8.0），加超纯水定容至 100 mL，4 ℃保存。

⑤0.5 mol/L EDTA 溶液：186.1 g EDTA · Na$_2$ · H$_2$O，20 g NaOH，加超纯水定容至 1 L，调 pH 值至 7.6，高温高压灭菌，室温保存。

⑥Triton 裂解缓冲液：1 mL 10% Triton – 100，12 mL 0.5 mol/L EDTA（pH = 8.0），5 mL 1 mol/L Tris – HCl（pH = 8.0），加超纯水定容至 100 mL，室温保存。

⑦PEG8000 溶液：150 g PEG8000，150 mL 5 mol/L NaCl，加超纯水定容至 500 mL，常温保存。

⑧EB 溶液（10 mg/mL）：10 mg EB，加超纯水 1 mL，溶解，室温保存。

提取步骤（CsCl 超速离心纯化 DNA）：

①取 1 ~ 2 mL 含目的质粒的菌液，接种到 300 ~ 400 mL 含氨苄青霉素的 LB 培养基中，37 ℃摇床上剧烈振荡过夜培养。

②收集菌液,5 000 r/min 离心 13 min 后弃上清液,加 6 mL 25% 蔗糖溶液重悬菌溶液。

③加入 1.5 mL 新鲜配制的 10 mg/mL 溶菌酶,室温静置 10 min,加入 1 mL 0.5 mol/L EDTA 溶液混匀,再加入 100 μL 10 mg/mL RNA 酶,混匀,最后加入 7 mL Triton 裂解缓冲液充分混匀。

④将溶液倒入 50 mL 离心管中,4 ℃ 40 000 ×g 离心 45 min,将上清液倒入 50 mL 新离心管中,加入 1/2 上清液体积的 PEG8000 溶液,颠倒混匀数次,4 ℃ 中放置 4 ~6 h。

⑤4 000 r/min 离心 5 min,弃上清液,用 3 mL 1 ×TE(pH =8.0)溶解约 1 h 后,加入 4 g CsCl,溶解完全。

⑥在超速离心管中加入 20 μL EB 溶液(10 mg/mL),将溶液移入超速离心管中,称重,配平(以 1% CsCl 配平),以矿物油补平高度,封口,颠倒数次将溶液混匀。

⑦在真空超速离心机中 50 000 r/min 离心 24 h,可见 EB 集中于两条带,一条位置较高较细浅的带为开环或线状质粒 DNA,另一条位置较低较粗的带为超螺旋质粒 DNA。

⑧用 2 mL 注射器抽取超螺旋质粒 DNA 的 EB 带,放入 15 mL 管中,加入等体积 1 ×TE(pH =8.0)。

⑨以等体积的水饱和正丁醇溶液将 EB 萃取除去,直到溶液澄清无色,再用等体积的水饱和正丁醇溶液继续萃取 3 次,确保 EB 去除干净。

⑩将 2.5 倍体积的无水乙醇与萃取好的质粒 DNA 混匀,4 ℃下 13 000 r/min 离心 3 min 后去上清液,加入 450 μL 水溶解,室温过夜,直到溶解完全。

⑪将质粒溶液转移到 1.5 mL 离心管中,加 20 μL 5 mol/L NaCl 和 1 mL 无水乙醇,4 ℃、13 000 r/min 离心 10 min,去上清液,以适当体积 1 ×TE(pH =8.0)溶解完全后即可用于转染细胞,测定浓度后存于 −20 ℃备用。

（2）拟南芥的培养

将拟南芥种子装于 2 mL 灭菌管中,加入次氯酸钠:水 = 2∶3 的消毒液,震荡 5 ~ 7 min 后,用无菌双蒸水洗 6 ~ 8 遍,置于 4 ℃春化处理 3 ~ 5 d,播种于普通土壤:蛭石 = 1∶1 的混合土中。培养条件:光周期 16 h/8 h(光照/黑暗),温度 20 ~ 22 ℃,相对湿度 60% ~ 80%。取培养 3 周左右的拟南芥叶片分离原生质体。

（3）试剂的配制

①纤维素酶解液(15 mL 酶液体系)

1% ~ 1.5% Cellulase R10	0.225 g
0.4% Mecerozyme R10	0.045 g
0.4 mol/L Mannitol	1.09 g
20 mmol/L KCl	1 mL (0.3 mol/L KCl 母液)
20 mmol/L MES(pH = 5.7)	1 mL [0.3 MES 母液(pH = 5.7)]

加入定容液至 10 mL。

55 ℃水浴加热 10 min,冷却至室温后加入 1 mL 0.15 mol/L $CaCl_2$、1 mL 1.5% BSA(4 ℃保存)、1 mL (75 mmol/L β - Mercaptoethanol 母液),用0.45 μm 滤膜过滤。

②PEG4000 溶液配制

PEG4000	1 g
水	0.75 mL
0.8 mol/L Mannitol	0.625 mL
1 mol/L $CaCl_2$	0.25 mL

一次配制可以保存 5 d,最好现用现配,每个样品需 100 μL PEG4000 溶液,可根据实验样品量调整溶液配制总量。

③W5 溶液

NaCl	9 g
$CaCl_2 \cdot H_2O$	18.4 g
KCl	0.37 g
葡萄糖	0.9 g
MES	0.3 g

加入定容液至 1 000 mL,pH 值调至 5.8,高温高压灭菌 20 min,室温保存。

④MMG 溶液

$MgCl_2$	0.71 g
MES	0.5 g
Mannitol	36.5 g

加入定容液至 500 mL, pH 值调至 5.6,高温高压灭菌 20 min,室温保存。

⑤WI 溶液

Mannitol	18.217 g
MES(pH = 5.7)	0.3 g
KCl	0.12 g

加入定容液至 200 mL,高温高压灭菌,室温保存。

(4) 拟南芥原生质体的分离与转化

①剪取生长良好的拟南芥叶片,用刀片切成 0.5 ~ 1 mm 宽的叶条。

②将切好的叶条放入预先配制好的酶解液中(每 5 ~ 10 mL 酶解液大约需 10 ~ 20 片叶子),使叶子完全浸入酶解液中。

③在真空泵中抽提 30 min。

④在室温、黑暗条件下酶解至少 3 h,当酶解液变绿时轻轻摇晃培养皿促使原生质体释放。

⑤显微镜下检查溶液中的原生质体,拟南芥叶肉原生质体长度 30 ~ 50 μm。

⑥用等量的 W5 溶液稀释含有原生质体的酶液。

⑦先用 W5 溶液润湿 35 ~ 75 μm 的尼龙膜,过滤含有原生质体的酶解液。

⑧将酶解液置于 30 mL 的圆底离心管中,100 × g 离心 2 min,尽量去除上清液,然后用 10 mL 冰上预冷的 W5 溶液轻柔重悬原生质体。

⑨在冰上静置 30 min。

(以下操作在室温下进行)

⑩100 × g 离心 2 min 使原生质体沉淀在管底。

⑪在不触碰原生质体沉淀的情况下尽量去除 W5 溶液,然后用适量 MMG 溶液重悬原生质体,使之最终浓度在每毫升 2×10^5 个。

⑫加入 10 μL DNA 于 2 mL 离心管中。

⑬加入 100 μL 原生质体轻柔混合。

⑭加入 110 μL PEG 溶液,轻柔拍打离心管至完全混合(每次可以转化6 ~ 10 个样品)。

⑮诱导转化混合物 5 ~ 15 min(转化时间视实验情况而定,表达量更高也许需要更多的转化时间)。

⑯室温下用 400~440 μL W5 溶液稀释转化混合液,然后轻轻颠倒摇动离心管使之混合完全以终止转化反应。

⑰100 × g 离心 2 min 去除上清液,再加入 1 mL W5 溶液悬浮清洗一次,100 × g 离心 2 min 去除上清液。

⑱1 mL WI 溶液轻柔重悬原生质体,加于多孔组织培养皿中。

⑲室温下(20 ~ 25 ℃)诱导原生质体 13 h。

3. Western Blot 操作步骤

(1) 试剂配制

①封闭液:1 g 脱脂奶粉溶于 20 mL TBS 中,搅拌溶解即为 5 % 的脱脂乳封闭液。

②TBST:取 10 × TBS 50 mL,去离子水定容至 500 mL,加入 500 μL Tween - 20 混匀,4 ℃保存。

③5 × Tris - 甘氨酸电泳缓冲液:称取 Tris - Base 15.1 g、甘氨酸 94 g、10% SDS 50 mL 溶于 800 mL 去离子水中,浓盐酸调 pH 值至 8.3,定容至 1 000 mL,室温保存。

④1 × 转移缓冲液:称取 Tris - Base 5.8 g、甘氨酸 2.9 g、10% SDS 3.7 mL,加入 700 mL 去离子水,搅拌溶解后加入 200 mL 甲醇,定容至 1 000 mL(pH = 8.3)。

⑤10 × TBS 缓冲液:称取 Tris - Base 24.2 g、NaCl 80 g,溶于 800 mL 去离子水中,pH 值调至 7.6,定容至 1 000 mL,4 ℃保存。

(2) 操作步骤

①100 V 恒压约 20 min,指示剂进入浓缩胶,改换 25 mA 恒流。当指示剂移动到胶板底部时,停止电泳,整个过程约 80 min。垂直电泳:浓缩胶,65 V。

②转膜:膜提前用甲醇活化 5 min,放入电转液中备用。

③滤纸应略小于胶,膜略大于胶,75 V 电转 1.5 ~ 2 h。

④封闭:将膜转至封闭液中,25 ℃孵育 1 h。

⑤加一抗:将膜转至封闭液,加入一抗,25 ℃孵育 1 h。

⑥将膜转至封闭液中洗 3 次,每次 10 min。

⑦加二抗:将膜转至封闭液,加入一抗,25 ℃孵育 1 h。

⑧将膜转至封闭液中洗 3 次,每次 10 min。

⑨压片,曝光,观察结果。

4. GsERF71 氨基酸序列

GsERF71

MCGGAIIADFIPRRGGRRLTASELWPNSFAKDDDFDLDYSHIATQQPSTLKRSQ
PPKVSEQVENKPVKRQRKNLYRGIRQRPWGKWAAEIRDPRKGVRVWLGTFNTAE
EAARAYDREARKIRGKKAKVNFPNEDDEYSIQARNPIPPLPFAPQHPPLYQQQYRC
DLNNAPKNLNFEFGYDLNHAEAFPSRVDAVNADSVVVSVDENSGSASGSEGAYSTT
EFMGSVQNGNGYLGGTVMEKKEKETEVIEAEEEKNKVLELSEELMAYENYMKFY
QIPYYDGQSTTNNVQESLVGDLWSFD *

5. CHYR 家族氨基酸序列

GsCHYR1

MEPHRHLSKNELSNKKPRVEIPPSEIGCGHYGCSHYKRRCKIIAPCCNEIFDCR
FCHNESKNSEVKLADWHDISRHDVKRVICSLCGTEQDVQQMCINCGVCMGRYFCS
KCKFFDDDLSKKQFHCDECGICRNGGVENMFHCNTCGFCYSSYLKDKHKCMEKA
MHTNCPICFEFLFDTTKAIALLACGHNMHLGCIRQLQQRLMYACPVCSKSFCDMSV
IWEKVDEIVSCVKI *

GsCHYR2

MEPATEKREDFGKLQYGCEHYKRRCKIRAPCCNQIFPCRHCHNDAANSSSNP
ADRHELVRRDVKQVICSVCDTEQEVAKVCSSCGVNMGEYYCEICKFYDDDTDKGQ
FHCDECGICRVGGRDKFFHCKKCCACYSVSVQNNHSCVENSMKSFCPICLEYQFDS
IKGSTILKCGHTMHMECYREMATQNQYRCPICLKTIVNDMNWEYLDREIEGVHMP
EEYKFEVSILCNDCNSTSTVSFHIFGHKCLQCGSYNTRRISKPKQEGLGVSGT *

GsCHYR3

MASPLDGGGVAVLPNSVNKVDSSSALNGGLKCSKPESPILIFLFFHKAIRNELD
ALHRLAVAFATGNRSDIKPLSGRYHFLSSMYRHHCNAEDEVIFPALDIRVKNVAQT
YSLEHKGESNLFDHLFELLNSSINNVESFPKELASCTGALQTSVSQHMAKEEEQVFP
LLIEKFSLEEQASLVWQFLCSIPVNMMAEFLPWLSASISPDESQDLRNCLIKIVPEEK
LLQKVVFTWMEGRSSINTVETCADHSQVQCSSRALTHQLEKVNCACESTTTGKRK
HSGSMIDVSDTTGTHPIDEILLWHSAIKKELSEIAVETRKIQHSEDFTNLSAFNERFQ
FIAEVCIFHSIAEDKVIFPAVDGEFSFFQEHAEEESQFNDFRHLIESIQSEGASSNSDV
EFYSKLCIHADHIMETIQRHFHNEEVQVLPLARKHFSFRRQCELLYQSLCMMPLKLI
ERVLPWLVGSLTEDEAKTFQRNMQLAAPATDSALVTLFCGWACKARNEGLCLSSS
ASGCCPAQRLSDIEENIVRPSCACASALSNRHCSVLAESGGNKRSVKRNILESHKNE
DLPETSETENIQKQCCSARSCCVPGLGVSSNNLGLSSLSTAKSLRSLSFCSSAPSLNSS
LFIWETESSSCNVGSTQRPILRLFNNVKAIRKDLEYLDVESPFLSEPLLSFLRQFNGR
FRLLWGLYRAHSNAEDDIVFPALESKEALHNVSHSYMLDHKQEEQLFEDISCVLSE
FSVLHEALQMTHMSDNLSESNFGTSDANTSDDIKKYNELATKLQGMCKSIRVTLDQ
HLFREECELWPLFGRHFTVEEQDKIVGRIIGTTGAEVLQSMLPWVTSALTQDEQNK
MMDIWKQATKNTMFNEWLSECWKESRVSTAQTETSDHSTSRRGAEYQESLDHND
QMFKPGWKDIFRMNQNELESEIRKVYRDSTLDPRRKAYLVQNLLTSRWIAAQQKS
PKALSEGSSNSVEIEGLSPSFQDPEEHVFGCEHYKRNCKLRAACCGKLFTCRFCHD

NVSDHSMDRKATSEMMCMRCLNIQPIGPICMTPSCNGFSMAKYYCNICKFFDDERN

VYHCPFCNLCRVGRGLGIDYFHCMKCNCCLGIKSASHKCLEKGLEMNCPICCDDLF

TSSATVRALPCGHYMHSACFQAYTCNHYTCPICSKSLGDMAVYFGMLDALLAAEE

LPEEYKDRCQDILCHDCNRKGTSRFHWLYHKCGFCGSYNTRVIKCETSNSSCS *

GsCHYR4

MGEVAVMHSEPLQFDCNDMKHITEKDVYNLLSNEEHILGEESSQSSNDKKIN

DLRERGYMKYGCQHYRRRCRIRAPCCDEIFDCRHCHNEAKNNINIDQKHRHDIPR

HQVKQVICSLCETEQEVQQNCINCGVCMGKYFCGTCKLFDDDVSKQQYHCSGCGI

CRTGGCENFFHCHKCGCCYSTQLKNSHPCVEGAMHHDCPICFEYLFESVNDVTVL

LCGHTIHKSCLKEMREHFQYACPLCLKSVCDMSKVWEKFDLEIAATPMPEPYQNK

MVWILCNDCGKSSHVQFHLVAQKCLNCKSYNTRETRG *

GsCHYR5

MATPLTGLNGVGGGGVAVLANPVSKVDSSANGGGGFGRSLSESPILIFSFFH

KAIRNELDALHRLAMAFATGNCSDIQPLFQRYHFLTSMYRHHSNAEDEVIFPALDI

RVKNVAQTYSLEHQGESDLFDHLFELLNSSIHNDESFPKELASCTGALQTSVSQHM

AKEEEQVFPLLLEKFSLEEQASLVWQFLCSIPVNMMTEFLPWLSTSISPDESQDLRK

CLSKIVPEEKLLQKVVFTWMEGGSSANTVENCLDHSQVRCSLNPLTHQNGKIKCAC

ESTATGKRKYSGSIIDVSDTMRTHPIDEILLWHNAIKKELNEIAAQTRKIQLSGDFTN

LSAFNERLQFIAEVCIFHSIAEDKVIFPAVDGKFSFFQEHAEEESQFNEFRSLIESIQS

EGATSSSETEFYSTLCSHADHILETIQRHFHNEEVQVLPLARKHFSFKRQRELLYQS

LCMMPLKLIERVLPWLIRSLTEDEAQMFLKNMQSTAPAIDSALVTLFCGWACKARK

DGLCLSSSVSGCCPAQRFTDIEENTVHSSCTPASALSGRVCSVLAESDGTQQRSVKR

NISEVHKNEDVSKTSESESFQKQCCSAQSCCVPALGVNKNNLGLGSLSTTKSLRSLS

FTASAPSLNSSLFIWETDNSSCEVGSTERPIDTIFKFHKAIRKDLEYLDIESGKLCDGD

ETIIRQFSGRFRLLWGLYRAHSNAEDDIVFPALESKEALHNVSHSYTLDHKQEEKLF

EDISCVLSELSVLHENLQRAHMSVDLSENDFGISDANDDDNIKKYNELATKLQGMC

KSIRVTLDQHIFREELELWPLFGKHFTVEEQDKIVGRIIGTTGAEVLQSMLPWVTSA

LTQDEQNKMMDTWKQATKNTMFNEWLNECLKESPVSTSQTEASERSTSQRGGDY

QESLNLNEQMFKPGWKDIFRMNQNELESEIRKVYRDSTLDPRRKAYLVQNLMTSR

WIASQQKLPKAPSGESSKQIEGCSPSFRDPEKQIFGCEHYKRNCKLRAACCGKLFTC

RFCHDNASDHSMDRKATLEMMCMQCLTIQPVGPICMSPSCNGLTMAKYYCNICKF

FDDERNVYHCPFCNICRVGQGLGIDYFHCMKCNCCLGIKSASHKCLEKGLEMNCP

ICCDDLFTSSATVRALPCGHYMHSSCFQAYTCSHYTCPICSKSLGDMAVYFGMLDA

LLAAEELPEEYRDRYQDILCHDCDRKGTSRFHWLYHKCGSCGSYNTRVIKSEAAN

SSCL *

GsCHYR6

MEGSVNERLDFGKMGYGCNHYRRRCRIRAPCCNEIYSCRHCHNDAASLLKN

PFDRHELVRQDVKQVVCSVCDTEQPVAQVCTNCGVKMGEYFCNICKFFDDDVEK

EQFHCDDCGICRVGGRDNFFHCKKCGSCYAIGLRDNHLCVENSMRHHCPICYEYL

FDSLKDTIVMKCGHTMHHECYVEMIKNDKYCCPICSKSVIDMSKTWKRIDEEIEAT

VMPEDYRNRKVWILCNDCNDTTEVYFHILGQKCGHCRSYNTRAVAPPVLPQ *

GsCHYR7

MATPLDGGGVAVLPNSVNKVDSSSALIGGLKCSKPESPILIFLFFHKAIRNELDA

LHRLAIAFATGNRSDIKPLSERYHFLSSMYRHHCNAEDEVIFPALDIRVKNVAQTYS

LEHKGESNLFDHLFELLNSSINNDESFPRELASCTGALQTSVSQHMAKEEEQVFPLL

IEKFSLEEQASLVWQFLCSIPVNMMAEFLPWLSTSISPDESQDMQNCLIKIVPQEKLL

QKVVFSWMEGRSSINTIETCVNHSQVQCSSRSLTHQVEKVNCACESTTTGKRKHSE

SMIDVSDTTGTHPIDEILLWHNAIKKELSEIAVEARNIQHSGDFTNLSAFNERFQFIA

EVCIFHSIAEDKVIFPAVDGEFSFFQEHAEEESQFKDFRHLIESIQSEGASSNSDVEF

YSKLCTHADHIMETIQRHFHNEEVQVLPLARKHFSFRRQCELLYQSLCMMPLKLIE

RVLPWLVGSLTQDEAKMFQRNMQLAAPATDSALVTLFCGWACKARNEGLCLSSG

ASGCCPAQRLSDIEENIGWPSCACASALSNSHVLAESGGNNRPVKRNISELHKNEDL

PETSEAEDIQKQCCSARPCCVPGLGVSSNNLGLSSLSTAKSLRSLSFSSSAPSLNSSLF

IWETESSSCNVGSTQRPIDTIFKFHKAIRKDLEYLDVESGKLSDGDETILRQFNGRFR

LLWGLYRAHSNAEDEIVFPALESKEALHNVSHSYMLDHKQEEQLFEDISCVLSEFS

VLHEALQMTHMSDNLTESNFGTSDANNSDDIKKYNELATKLQGMCKSIRVTLDQH

LFREECELWPLFGRHFTVEEQDKIVGRIIGTTGAEVLQSMLPWVTSALTQDEQNKM

MDTWKQATKNTMFNEWLSECWKESPVSTAQTKTSDHITSQRGAEYQESLDHNDQ

MFKPGWKDIFRMNQNELESEIRKVYRDSTLDPRRKAYLVQNLMTSRWIAAQQKSP

KALSEGSSNSVEIEGLSPSFRDPEKHVFGCEHYKRNCKLRAACCGKLFTCRFCHDN

VRDHSMDRKATSEMMCMRCLNIQPIGPLCITPSCNGFSMAKYYCNICKFFDDERNV

YHCPFCNLCRVGQGLGIDYFHCMKCNCCLGIKSSSHKCLEKGLEMNCPICCDDLFT

SSATVRALPCGHYMHSACFQAYTCSHYTCPICSKSLGDMAVYFGMLDALLAAEELP

EEYKDRCQDILCHDCDRKGTSRFHWLYHKCGFCGSYNTRVIKCETSNSSCS *

GsCHYR8

MATAGGGGGGGCVAVMAGSCTVSTPSSSYGGGACSSNSKDTLIESPILIFCLFH

KAISSELQSLHATAFDFVSNRRHSQPHSPLKIMSFSHRCHFLRTLYKHHCNAEDQVI

FPALDKRVKNVAHTYFLEHEGEGLLFDQLFKLPNSNLLNEESYGRELASCIGALRTS

ICQHMFKEKEQVFPLVIEKFSSEEQGSLVWQFLCSIPVKMMAEFLPWLASYISSDEY

QGLLSCLCTIIPKEKLLHQVIFGWMEGLKIKHRKCTHDTKVQWKDVGMSNLLSHNE

KVYSICGSSKTVKRKRVGLNEDPTNSNISCPLDELLLWHKAIKQELSDLAETARKIQ

LSEEFSNLSSFSGRLQFITEVCISHSIAEDRVIFPAIKAELHFLQDHTDEELQFDKLRC

LIDSIQSAGADSSSAEFYFKLSSHTEQITDTILKHFEDEEAQVLPLARKLFSPQRQREL

LYESLCSMPLKLIECVLPWLVGSLNQTEVRSFLQNMYMAAPATDHALVTLFSGWAC

NGYSRNSCFYSSTTGLCPDRRLMEIPFCMCEPSFGLNEKSSAIQQEDENGCIGPVKH

GKPESKQDNDVANLMSCCVPELRVNASNLGLDSLALTKSLRELSDYPSAPSLNSSLF

MWETNLVSADNQCITRPIDNIFKFHKAIRKDLEYLDVESVKLNDCDEIFIQQFTGRF

CLLWGLYRAHSNAEDDIVFPALESKDNLHNVSHSYTLDHQQEEKLFLDISSGLTQLT

QLHELLYKKNWSDHITNCFSNYAGCYDIDTVQNYNELSTKIQGMCKSIRVTLDQHIL

REELELWPLFDRHFSLEEQDKIVGHIIGTTGAEVLQSMLPWVTSALAQDEQNKMID

TLKQATKNTMFCEWLNEWWKGPASSLNITTPGDYSLDSEHSFLAFRPGWKDIFRM

NQNELESEIRKVSQDSTLDPRRKAYLIQNLMTSRWIASQQKSSQSLGVESSKGDILET

SLSFHDPEKKIFGCEHYKRNCKLRAACCGKLFTCQFCHDKVSDHLMDRKATTEMM

CMQCQKIQPAGPVCATPSCGSLLMAKYYCSICKLFDDERTVYHCPFCNLCRLGKGL

GVDFFHCMQCNCCMSKKLVDHICREKGLETNCPICCDFLFTSSESVRALPCGHFMH

SACFQAYTCSHYICPICSKSMGDMSVYFGMLDALLASEELPEEYRNQCQDILCNDC

HEKGTAPFHWLYHKCGFCGSYNTRCILCKQNMCMTLLIRTKTINQLMSNNKELQA

AKPNVSNSKELQTARPKRQSHTPSHLKDYVLVA *

GsCHYR9

MATPLTGLNGGGGGVAVLTNPVNKVDSSANGGGGFGRSLSESPILMFSFFHKA

IRNELDALHRLAMAFATGNCSDIQPLFQRYRFLRSMYSHHSNAEDEVIFPALDMRV

KNVAQTYSLEHQGESDLFDHLFELLNSSIHNDESFPKELASCTGALQTSVSQHMAK

EEEQVFPLLLEKFSLEEQASLVWRFLCSIPVNMMTEFLPWLSSSISPDESQDLQKCLS

KIVPEEKLLQKVIFTWMEGRSSANTVENCLDHSQVRCSPNPLTHQNGKIKCACEST

ATGKRKYSGSIIDVSDTMRTHPIDEILLWHNAIKKELNEIAAQSRKIQLSGDFTNLSA

FNERLQFIAEVCIFHSIAEDKVIFPAVDGKFSFYQEHAEEESQFNEFRSLIESIQSEEA

TSSSETEFYSTLCSHADHILETIQRHFHNEEVQVLPLARKHFSFKRQRELLYQSLCM

MPLKLIERVLPWLIRSLTEDEAQMFLKNMQLAAPAIDSALVTLFCGWACKARKDGL

CLSSSVSGCCPAQRFTDIEENTVQSSCTSASALSGRVCSVLAESDGTQQRSVKRNISE
VHKNEDVSKTSEIESIPKQCCSARSCCVPALGVNKNNLGLGSLSTTKSLRSLSFTASA
PSLNSSLFIWETDNSSCDVGSTERPIDTIFKFHKAIRKDLEYLDIESGKLCDGDETIIR
QFSGRFRLLWGLYRAHSNAEDDIVFPALESKEALHNVSHSYTLDHKQEEKLFEDIS
CVLSELSVLHENMQMTHMSVDLSENDFGISDANDNIKEYNELATKLQGMCKSIRVT
LDQHIFREELELWPLFGKHFTVEEQDKIVGRIIGTTGAEVLQSMLPWVTSALTQDEQ
SKMMDTWKQATKNTMFNEWLNECLKETPVSTSQTEASERSTSQRGGDYQENLNL
NEQMFKPGWKDIFRMNQNELESEIRKVYRDSTLDPRRKAYLVQNLMTSRWIAAQQ
KLPKALSGESSKQIEGCSPSFRDPEKEIFGCEHYKRNCKLRAACCGKLFTCRFCHDN
ASDHSMDRKATLEMMCMQCLTIQPVGPICMSPSCNGLTMAKYYCNICKFFDDERN
VYHCPFCNICRVGQGLGIDYIHCMKCNCCLGIKSASHKCLEKGLEMNCPICCDDLFT
SSATVRALPCGHYMHSSCFQAYTCSHYTCPICSKSLGDMAVYFGMLDALLAAEELP
EEYRDRYQDILCHDCDRKGTSRFHWLYHKCGSCGSYNTRVIKSEATNSSCL *

GsCHYR10

MKTTAEVVSSHCLVVAECSQSSPTQLSAMEPQILNLGCMHYRRRCKIRAPCCD
EVFDCRHCHNEAKNSEEVDAVDRHDVPRHEIKKVICSLCDVEQDVQQYCINCGIC
MGKYFCTICKFFDDDISKNQYHCDECGICRTGGKDNFFHCNRCGCCYSKVMEKGH
RCVEGAMHHNCPVCFEYLFDTVREISVLPCAHTIHLDCVKEMEKHQRYSCPVCSK
SICDMSSVWEKLDELIASTPIPETYKNKMVWILCNDCGVNSHVQFHIVAHKCLSCN
SYNTRQIQGVPATSSSSRVTEMVR *

GsCHYR11

MEGSVLERLDFGKMGYGCKHYRRRCRIRAPCCNELYFCRHCHNEATSMLSN
PFDRHELVRQDVQHVVCSVCDTEQPVAQVCTNCGVRMGEYFCNICKFFDDDTGK
KQFHCDDCGICRLGGRENYSHCSKCGCCYSNTLRDNHLCVENSMRHHCPICYEYL

FDSLKDIAVMKCGHTMHSECYLEMLKRDKYCCPICSKSVMDMSRAWKRIDEEIEA

TVMPDDYRYRKVWILCNDCNDTTEVYFHILGQKCGHCSSYNTRAIAPPVLSQ *

GsCHYR12

MGEVAVMHSEPLQFECNDITVNMTEKEVYPPESNVDHLPGEESSQSTDHKNI

NYLQEKGFMEYGCQHYRRRCRIRAPCCNEIFDCRHCHNEAKNDINIDLKLRHDIP

RHEVKQVICSLCGTEQEVQQNCINCGVCMGKYFCGTCKLFDDDISKQQYHCCGCG

ICRTGGSENFFHCYKCGCCYSTLLKNSHPCVEGAMHHDCPVCFEYLFESRNDVTV

MPCGHTIHKSCLNEMREHFQYACPLCSKSVCDMSKVWEKFDLEIAATRMPEQYQ

NKMVWILCNDCGKTSHVQFHFVAQKCPNCKSYNTRQT *

GsCHYR13

MEGSILERLDFGKMGYGCKHYRRRCRIRAPCCNELYFCRHCHNEATSMLSNP

FDRHELIRQDVQHVVCTVCDTEQPVAQVCTNCGVRMGEYFCSICKFFDDDTGKQQ

FHCDDCGICRIGGRENYFHCNKCGSCYSTSLRDNHMCVENSMRHHCPICYEYLFDS

LKDTAVMKCGHTMHSECYLEMLKRDKYCCPICSKSVMDMSRAWKRIDEEIEATVM

PDDYRYRKVWILCNDCNDTTEVYFHVLGQKCGHCSSYNTRAIAPPVLPQ *

GsCHYR14

MMEWPSFSFGYLPKSGNTFSSSLSQFHTLPHGRLCQRTSSFWEDWIWVFSFSL

VFPFISISSLFCFDDRCNHYRRRCRIRAPCCNEIYSCRHCHNEAASLLKNPFDRHEL

VRQDVKQVICSVCDTEQPVAQVCTNCGVKMGEYFCNICKFFDDDVEKEQFHCDDC

GICRVGGRDNFFHCKKCGSCYAVGLHDNHLCVENSMRHHCPICYEYLFDSLKDVI

VMKCGHTMHHECYLEMIKNDKYCCPICSKSVIDMSKTWKRIDEEIEATVMPQDYR

NRKVWILCNDCNDTTEVYFHILGQKCGHCRSYNTRTVAPPVLPQ *

GsCHYR15

MDDGDPSLSDKEEGENDEEDTPLLRVPLVDAPILLFVCFHKAFRSELDHLRRL

AETASSLEDEPRRCRQIVLQLQRRFQFLKLAHKYHCAAEDEVIFLALDTHVKNVIC

TYSLEHRSTNGLFGSVFHFLDELMVPKENISKLFQELVYCIGILQTSIYQHMLKEEE

QVFPLLIQKLSNKEQASLVWQFICSVPIMLLEEVLPWMVSFLSANKQSEVTQCLNEI

APMEKAMQEVGNSLAFNISSKQTCTETCFQSGEFQGVDGFLHIERSLELSYLNGKEI

EDGANQVNVLHLWHNAIKKDLKDILEELHLLRKSSCFQNLDSILIQLKFFADVLIFY

SDAQKKFFHPVLNKHAYGWLSKSIEQFLGESNIEDIQQLLFYNSESGILLSKFIEKLC

QTLESFVSGVNKQFAFQENEVFPIFRKNCRNGMQERLLSLSLYMMPLGLLRCVITW

FSVRLSEKESRSILYCIKKGNNSVCKAFSSLLHEWFRIGYSGKTSIEKFRQELQHMFK

RRCSLLPEQIKEAHEFSFLNSEKQPHKVSGQNCLSYSSSSGSNNVNKYETPYSTGINL

HIFFPSTVAKLHQHPTLHAEERSSISFLDDPKPIDLIFFFHKAIKKDLEYLVLGSTQLE

KNDKLLMDFHKRFHLIYFLHQIHSDAEDEIVFPAMEARGKLKNISHAYTFDHKHEV

DHFNKISHILDKMSGLHLSVSTIDPNVKEKGILRYHHLCRKLQEMCKSMHKSLSDHI

NREEIEIWPIIRKFFSNHEQGRIIGCMLGRIRAEILQDMIPWLMASLTQEEQHVLMFL

WSMATKNTMFDEWLGEWWDGYSLTKVTEGSNVAPLQPVEPLEIISKYLSEEILDEL

QEESSANKSINFLQKDHNGDNVVLSNYNFDDKVKVHNAEQNNNQCSKLTNQFHDH

NKHACNEVTNIINPVNNEGKYSQLCDKSGRYDRLLKLSQDDLETVIRRVSRDSCLD

PQKKSYIIQNLLMSRWIIRQQISSTEANIKNDELEFPGKHPSYRDPLKLIYGCKHYKR

NCKLFAPCCNQLHTCIHCHNEESDHSVDRKSITKMMCMKCLVIQPISATCSTISCNLS

MAKYYCRICKLFDDEREIYHCPYCNLCRVGKGLGVDYFHCMNCNACMSRSLMTH

TCREKHLEDNCPICHEYIFTSCSPVKALPCGHVMHSTCFQEYTCFNYTCPICSKSLG

DMQVYFRMLDALLAEERISVEISSQTQVLLCNDCEKKGETPFHWLYHKCPSCGSYN

TRVL *

GsCHYR16

MGEVAVMHSEPLQFECNDISVNMTEKEVYPPESNVERLPGEESSQSTDHKNIN
DLQERGYMEYGCQHYRRRCRIRAPCCNEIFDCRHCHNEAKNDINIDQKHRHDIPR
HQVKQVICSLCGTEQEVQQNCINCGVCMGKYFCGTCKLFDDDISKQQYHCSGCGIC
RTGGSENFFHCYKCGCCYSTLLKNSHPCVEGAMHHDCPVCFEYLFESRNDVTVMP
CGHTIHKSCLNEMREHFQYSCPLCLKSVCDMSKVWEKFDIEIAATPMPEQYQNKM
VWILCNDCGKTSHVQFHFVAQKCPNCKSYNTRQT *

6. Sm 家族氨基酸序列

GsSm1

MTLPGSLQLSHGLGLCRNLDCNKHLRAMGRGKLHLFSAVSGQPNNLPAVKVA
ATVLARSCNILQNSPIIVKLIPAVGVIIFAIWGVGPLLFQTRKLLFQRSDSSWKKSTTY
YIVASYLQPLLLWTGAILICRALEPLILPSETSQIVKERLLNFVRSLSTVLAFAYCLSS
VIQQVQKFLAESTDASEARNMGFQFAGKAVYSAVWIAAFSLFMELLGFSTQKWVT
AGGLGTVLLTLAGREIFTNFLSSVMIHATRPFVVNEWIQTKIEGYEVSGTVEHVGW
WSPTIIRGEDREAVHIPNHKFTVNVVRNLSQKTHWRIKTHLAISHLDVNKINNIVAD
MRKVLAKNPQVEQQRLHRRVFLDNINPENQALLEAILLDLLRVIGHHRARLATPVR
TLQKIYSDADLENIPFADSTFGHGAGTVPHRPLLVIEPSYKINGDDKKSRAARPAVD
QDNKTATQTKVDTKTHNVARGTQDDTEGDNKVLTPNSDANGNSKTVVTPKPDPEV
GENKPLKSDSNKENVEVPESPSKSKVTGLVVDNSAQKDVDVKQSKVQITKNIKPNID
SDNVVSSSTNNADKIGGFNTNMPMKQQGEKKPAAQAHASRTVLEENIVLGVALEG
SKRTLPIDEEIDNVTCREAKEMAALQGGNGSPKASDGNDK *

GsSm2

MASETASRSSSAADSYIGSLISLTSKSEIRYEGILYNINTEESSIGLRNVRSFGTEG
RKKDGPQIPPGDKVYEYILFRGTDIKDLQVKSSPPVQPIPQVNNDPAIIQSHYPHPVS
TSTSLPSAVSGSLTDPSSHTTQLGLPGANFQGPLPLYQPGGNIGSWGASPPAPNANGG
RLAMPPMYWQGYYGAPNGLPQLHQQSLLQPPPGLSMPSSMQQPMQYPNFTPSLPN
VSSNLPELPSSLLPVSASIPSITSASLPPAPSALAPAPSALPPAPSSLSSASSALSSVPSVT
LASEILPVSVTNKAPIVSTSAAMLASNLLSLTISGPDINAIVPPISRKLHAISGSSLPYQT
VSQLSSTVLGSSTSIHTETSAPSLVTPGQLLQPGPSIVSSAQPSQAPHKDVEVVQVSST
SSPEPSVPVSAETQPPILPLPVTSRPSYRPGGAPSQTHHGYNYRGRGRGRGTGGLHP
VTKFTEDFDFMAMNEKFKKDEVWGHLGKSKSHSKEKDGEENAFDEDYQDEDND
DVSNIEVKQPIYNKDDFFDSLSSNVHGNASQNGRTRYSEQIKIDTETFGDFVRHRGG
RGGRGGRTRGGYYGRGGYGYNGRGRGRGMPSRNL *

GsSm3

MATESGANGPSSSSAESFIGCFISLISKCEIRYEGVLYFLNIQDSTIGLKNVRSYG
TEGRKKDGPQVPSSDKVYEYILFRGNDIKNLQIKSPTPSSKSEEQVFSDPAVIQSEYS
GLRSSPVGELPSSPVAGLLSSPVASVGGRSLTESIQRQDSPAISSKAFPSGLPSHQSVT
QLGPSNLSDATQVASHPSFSAAMYWQGPSGISSSSYHSLLQSSSLHPTSLAASLVVQN
QMQNAETQYGLPVSSAMTSLVNQTHSPSLTSLKNSDSLDIPSLLSTKTPVSYSPSMTF
DGSNMPQFSSTLQDINSIQAQISGNICPDPRPIHPQHSVHRSAPSYVDSTSGSLPTATS
LEQLLSLSHLNPTQKDMGSLTLTSSGSSALIPSPASQAPLLPLPTSVQKVRKFAYMLF
MGVPPYTAPQYTEEFDFEAMNEKFKKDEVWGSLGKTTTKIEGVANNASLSLVFGT
TAYKKDDFFDTISCNSLTHGSRNGQNRFSERMKQDTEVSKHIKNMKLSLNYNVILM
YCLSQRPNFTNGGYGAGRGANFRGSNNWGRGYGYNGRGRGPNFPF *

GsSm4

MSNNKNNTFFPTPHGQISTSEFVNSQNPPQATNQGIDDIRKKHYRGVRQRPWG
KWAAEIRDPKKAARVWLGTFDTAEAAAMAYDAAALRFKGNKAKLNFPERVVMPI
PPQTNNNNSTSSSAPTTQSSSPLPPPQSLHNNSSLSAEGFPNLEEYARLLSCSDDDDF
QRVALGLYQHHNNEDFIYGSSQPPPVPFFVSSSSSSSAMTSSYSDFLGQGGSTGFDE
GNKRGS *

GsSm5

MSTEEESAVKEPLDLIRLSLDERIYVKLRSDRELRGKLHAYDQHLNMILGDVE
EIITTVEIDDETYEEIVRTTKRTVPFLFVRGDGVILVSPPLRTA *

GsSm6

MKLVRFLMKLNNETVSIELKNGTIVHGTITGVDISMNTHLKTVKLTLKGKNPV
TLDHLSVRGNNIRYYILPDSLNLETLLVEETPKIKPKKPTAGKPLGRGRGRGRGR
GRGGGR *

GsSm7

MASESASRSSSAADSYIGSLISLTSKSEIRYEGILYNINTEESSIGLRNVRSFGTEG
RKKDGPQIPPGDKVYEYILFRGTDIKDLQVKSSPPVQPTPQVNNDPAIIQSHYPYPVT
TSTSLPSAVSGSLTDPSSHTTQLGLPGSNFLGPLPLYQPGGNIGSWGASPPAPNANGG
RLAMPPMYWQGYYGAPNGLPQLQQQSLLQPPPGLSMPSSMQHPMQYPNFTPPLPT
VSSNLPELPSSLLPVSAGTPTLPPAPSALSPASSALSPVPSATLASENLPVSVTNKAPN
VSTSAAMLAANLPSLTISGPDINAIVPPISSKPHAISGSSLPYQTVSQFSPAVVGSSTSI
HTETSAPSLLTPGQLLQPGPSIVSSAQPSQAPHKDVEVVQVSSTSSPEPSVPVSAETQ
PPILPLPVTSRPSYRPGVAPIQIHHGYNYRGRGRGRGTGGLHPVTKFTEDFDFTAMN
EKFKKDEVWGHLGKSKSHSKEKDGEENAFDEDYQDEDNDDVSNFEVKPIYNKDD

FFDSLSSNVHGNTSQNGRTRYSEQIKIDTETFGDFVRHRGGRGGRGPGRGGRTRGG
YYGRGGGYGYNGRGRGRGMPSRTL *

GsSm8

MASESASRSSSAADSYIGSLISLTSKSEIRYEGILYNINTEESSIGLRNVRSFGTEG
RKKDGPQIPPSDKVYEYILFRGTDIKDLQVKSSPPVQPTPQVNNDPAIIQSHYPFPVT
TSTSLPSAVSGSLTDPSSHTTQLGLPGSNFQGPLPLYQPGGNIGSWGASPPAPNANGG
RLAMPPMYWQGYYGAPNGLPQLHQQSLLQPPPGLSMPSSMQQPMQYPNFTPPLPT
VSSNLPELPSSLLPVSASTPSVTSASLPPNLPPAPSALPPAPSALPPAPSALSPVPSATL
ASEIFPVSVANKAPNVSTSAAMLASNLPSLALLTNPARDINAIVPPISSKSNAISGSSL
PYQSVSQLSPAVVESSTSIHTETSAPSLVTPGQLLKPGPIIVSSAQPSQAPHKDVEVVQ
VSSTSSPEPSVPVSVETQPPILPLPVTSRPNHRPGGAPTQTHHHGYSYRGRGRGRGT
GGFRSVTKFTEDFDFTAMNEKFKKDEVWGHLGKSKSHSKDNNGEENAFDEDYQD
EDNDDVSNIEVKPVYNKDDFFDSLSSNMHGNASQNGRTRYSEQIKIDTETFGDYVR
YHGGRGGRGPGRGGRTRGGYYGRGGGYGYSGRGRGRGMPSRTL *

GsSm9

MLPLSLLKTAQGHPMLVELKNGETYNGHLVNCDTWMNIHLREVICTSKDGDR
FWRMPECYIRGNTIKYLRVPDEVIDKVQEETKSRTDRKPPGVGRGRGRGRDDGPG
GRQPKGIGRGIDEGGAKGQGGRGRGGPGGKPSGNRGAGRGRG *

GsSm10

MSMSKSSKMLQYINYRMRVTIQDGRQLVGKFMAFDRHMNLVLGDCEEFRKL
PPAKGKKPAEGANREDRRTLGLVLLRGEEVISMTVEGPPPPEESRSKAVGAAALA
GPGIGRAAGRGIPPAPVVQAQPGLAGPVRGVGGPAPGMMQPQISRPPQLNAPPVSY
PGGGPPVMRPPGQMPGQFAPPPMARGPPPPMPPGQFAPPRRRPPPPQFQVPPPQFG

QRPMGPPPPGQMVRGPPAPPRPGMPAPPPPRPGMPPPPGSGVPVFGPPRPGMPPPP

NPPNQQQQ *

GsSm11

MLFFSYFKDLVGREVIVELKNDLAIKGTLHSVDQYLNIKLENTSVVNQEKYPH

MLSVRNCFIRGSVVRYVQLPPEGVDIELLHDATRREARGG *

GsSm12

MKLVRFLMKLNNETVSIELKNGTVVHGTITGVDISMNTHLKTVKLTLKGKNPV

TLDHLSVRGNNIRYYILPDSLNLETLLVEEAPKIKPKKPTAGKPLGRGRGRGRGR

GRGR *

GsSm13

MSRSGQPPDLKKYMDKKLQIKLNANRMVVGTLRGFDQFMNLVVDNTVEVNG

NEKNDIGMVVIRGNSVVTVEALEPVNRT *

GsSm14

MLPLSLLKTAQGHPMLVELKNGETYNGHLVNCDTWMNIHLREVICTSKDGDR

FWRMPECYIRGNTIKYLRVPDEVIDKVQEETKSRADRKPPGVGRGRGRGREEGPG

GRPTKGIGRGLDDGGARGAGGSRGRGGPSGKPGGNRGRGRG *

GsSm15

MSEKKREVMVAIPHEGGAESLMPKQQSRVNSPHRALNDNEVAAKSPPLNCAS

PEIRFMPSPNKPPKVPTSNAILTRRKSLTRSVYSKPKSRFGEQSYPIDGTLLEENATST

LQENLTVGSPYKASPNNNNKPGTVNRTFSILSVVTPKTPLMASPGLAGEDFDEIIYKK

VELSKNMRSRRLTVKVLFEWFVFVCIASSLVASLTVGKLKRTEIWGLGFWRWCVL

VMVTFCGMLVTRWFMLIVVFLIETNFLLRKKVLYFVHGLKKCVQFFIWLGLVLLTW
VLLINRGVHRTELASKILNGVTWTLVSLLIGAFLWFVKTLLLKILASNFHVKSFFDRI
QESLFHQYILQNLSGPPLVEEAEKVGASYSVGRFSFRSTDGKGGTKKETIDIAKLHR
MKQEKVSAWTMKVLVDAMTTSGLSTISSALDESFDEGENEQTDKEITNEMEATAA
AYYIFRNVAAPGCTYIDEDELRRFMIKEEVRMVYPLLAEAETGQITRKSLTDWLLK
VYQERRALAHALSDTKTAVKQLNKLVTVLLVVVTIIVWLLLMEIATTKVLVFLSSQL
VLAAFMFGNTCKNIFEAIIFVFVMHPFDVGDRCVIDGVELLVEEMNILTTVFLKLNN
EKVYYPNSLLATKPISNYYRSPDMGDRVDFSIDFMTPAEKIGELKEKIKRYLERNPQ
YWHPNHGLVVKELEDVNKIKMGLNVTHTMNFQEFGEKTKRRTELVMELKKIFEEL
NIRYNLLPQGIHLRHIESNSSLLNI *

GsSm16

MVCPGSTKLSHDVRFYSNTGFCSFHHNRMGVGRLHLVTLNLSPCSLKQDSSAL
HLLSRPHAPIRHVPSRCNVFICQSVLIPGGGSGTPLMKSASVILTRSYDALQGNPTFL
QLIPAIGIIAFAVCGLEPLLRLSRVLFLQSTDSSWKKSSSRYIMTSYFQPLLLWTGAM
LVCRALDPLVLPSESSQVVKQRLLNFVRSLSTVISFAYCLSSLIQQAQKFFLEGNDSS
GARNMGLDFAGKAVYTAVWVAAVSLFMELLGFSTQKWVTAGGLGTVLLTLAGRE
IFTNFLSSIMIHATRPFIVNEWIQTKIEGYEVSGTVEHVGWWSPTIIRGDDREAVHIP
NHKFTVNVVRNLSQKSHWRIKSYIAISHLDVNKINNIVADMRKVLSKNPQVEQQKL
HRRVFLENVNPENQALMILISCFVKTSHFEEYLCVKEAILLDLLRVVSHHRARLATP
IRTVQKIYSEADSENIPFGDTIFTRSSAGNRPFLLIEPLYKVNGEDKTKPSTRSTRASE
EKDFKIDETMASDTKEDENFAATLTSSPDVNSKDKSKSLSEAQPKKENAVDAGKGP
TVPVSKNLVQSAAPETSPVTSHEINSATSSQSKQDEEKSSVPLSSVRPSLEENILLGVA
IEGSKRTLPIEEEMTPSPMPAESQEFAVQWNGGGPPASKDKKDGQSSFPTSKQND *

GsSm17

MASESASRSSSAADSYIGSLISLTSKSEIRYEGILYNINTEESSIGLRNVRSFGTEG
RKKDGLQIPPGDKIYEYILFRGTDIKDLQVKSSPPVQPTPQVNNDPAIIQSHYPHPVT
TSTNLPSAVSGSLSDPSSHTTQHGLPGSNFQGPLPLYQPGGNIGSWGASPSAPNANG
GRLGMPPMYWQGYYGAPNGLPQLHQQSLLQPPPGLSMPSSMQQPMQYPNITPSLP
TVSSNLPELPSSLLPASASIPTLPPAPSALSPSSSALSPAPSATLASEILPVSVTNEAPIV
STSAAMLAANLPSLTISGPDINAIVPPISSKLHAISGSSLPYQTVSQFSPAVVGSSTSIH
SETSAPSLVIPGRLLQPGPSIVSSAQPSQAPHKDVEVVQVSSTSSSEPSVPVLAETQPP
ILPLPVTSRPSYRPGGAPIQTHHGYNYRGRGRGRGTGGLRPVTKFTEDFDFMAMNE
KFKKDEVWGHLGKSKSHSKEKDGEENAFDEDYQDEDNDDVSNIEVKPLYNKDDF
FDSLSSNMHGNASQNGRTRYSEQIKIDTETFGDFVRHHGGRRGRGPGRVGRTRGG
YYGRVGGYGYNGRGRGRGMSSQNL *

GsSm18

MANNPSQLLPSELIDRCIGSKIWVIMKGDKELVGTLRGFDVYVNMVLEDVTEY
EITAEGRRITKLDQILLNGNNIAILVPGGSPESE *

GsSm19

MSGRKETVLDLAKFVDKGVQVKLTGGRQVTGTLKGYDQLLNLVLDEAVEFL
RDPDDPLKTTDQTRNLGLIVCRGTAVMLVSPTDGTDEIANPFIQPDGS *

GsSm20

MSRPMEEDTVGKNEEEEFNTGPLSVLMMSVKNNTQVLINCRNNKKLLGRVRA
FDRHCNMVLENVREMWTEVPKTGKGKKKAQPVNKDRFISKMFLRGDSVIIVLRNP
K *

GsSm21

MDVINKQQGGLKCGEVTMAEKKREVMVAIPNEQQHSRVNSPHRILNDNEVA
GAKSPPLNCASPEIRFMPSPNKPPKVFTSNANLTRRKSLTRSVYSKPKSRFGEQPYPI
DGTLLEDNANSTLQENLTVGSPYKASPNNNNKAGTVNRTFSILSVITPKTPLMASPG
PAGEDFDEIIYKKVELSKNKRSRRLTAKMLFEWFVFVCIASSLVASLAVGKLKRTEI
WGLGFWRLCVLVMVTFCGMLVTRWFMHIVVFLIETNFLLRKKVLYFVYGLKKCV
QFFIWLGLVLLTWVLLINRGVHRTELASKILNGVTWTLVSLLIGAFLWFVKTLLLKIL
ASNFHVKSFFDRIQESLFHQYILQTLSGPPLVEEAEKVGASYSVGHFSFRSTDGKGG
TKKETIDIAKLHQMKQEKVSAWTMKVLVDAMTTSGLSTISSALDESFDEGENEQTD
KEITNEMEATAAAYYIFRNVAAPGCTYIDEDELRRFMIKEEVRMVYPLLAEAETGQ
ITRKSLTDWLLKVYQERRALAHALSDTKTAVKQLNKLVTVLLVVVNIIVWLLLMEI
ATTKVLVFLSSQLVLAAFMFGNTCKNIFEAIIFVFVMHPFDVGDRCVIDGVELLVEE
MNILTTVFLKLNNEKVYYPNSVLATKPISNYYRSPDMGDRVDFSIDFMTPAEKIGAL
KEKIKRYVERNPQYWHSNHGLVVKEIEDVNKIKMALNVTHTMNFQEFGEKTKRR
TELVMEVKKMFEELNIRYNLLPQGIHLRHIEPNSSVLNT *

GsSm22

MMSCSSRDLGLHFTSIRLSRDVRLYSNNGNCSFCHKPLRGDRLCFVAISLLPHG
LRQDSSALHSRLRTPLRPVPLRCNALPWRCSLMPAGGCETPLVKVAAVSLSRSYNA
IAGKPSVIQLIPALGIIGFAVFGLEPLLRLSRNLFLQERTDWKKSSSHYILTSYFQPLLL
WTGVMLICRDLDPLVLPSETSQAIKQRLLSFVRTLSTVLTFAYCSSSLIRQAQKICME
TNDSSDERNMRIDFTGKAVYTAIWVAAVSLFMELLGFSTQKWLTAGGLGTVLISLA
GREIFTNFLSSIMIHATRPFVVNERIQTKIKGYEVTGKVEHVGWWSPTIVRGSDCEA
VHIPNHNLSVNVVRNLSKKSHWRIKTHLAISHLDVNKINSIIADMRKVLAKNPQVE
QKKLHRRVFLENIDPENQALMILVSCFVKTRHSEEYLRVKEAILLDLLRVISHHRAR
LATPIRTVQKMCSDTDLDVDPFDDTIPTRSRSKNNRPFPLINPPYKVKPSTTTNEDKD

TKIDETLPSDFKVERDKFAATSSSVQKTSKSQKLKKERVGSSEKGTTSKNLSKSNEF

GSGETTSPSKLDEEKSVMSSSSASHSLEENIVLDAALLGSKRTLAIDEELIQSIPAEPQ

EVAVHQDGSEPPISKDKKDGEMSSFPTPKQKD *

GsSm23

MVCPGSTQLSHDVRLNSNIGFCSFHHNRMGVGRLHLVTINLSPSNLKQDSSAF

HLLSRLHAPIRHVPSRCNVFICRSVLIPGGGSGTPLMKSASVILTRSYDALQGNPIFL

QLIPAIGIIAFAVCGLEPLLRLSRVLFLQSTDISWKKSSSQSIMTSYIQPLLLWTGAML

VCRALDPLVLPSESSQVVKQRLLNFVRSLSTVISFAYCLSSLIQQAQKFFLEGNDSSG

ARNMGLDFAGKAVYTAVWVAAVSLFMELLGFSTQKWVTAGGLGTVLLTLAGREIF

TNFLSSIMIHATRPFIVNEWIQTKIEGYEVSGTVEHVGWWSPTIIRGDDREAVHIPN

HKFTVNVVRNLSQKSHWRIKSYIAISHLDVNKVNNIVADMRKVLSKNPQVEQQKL

HRRVFLENVNPENQALMILISCFVKTSHFEEYLCVKEAILLDLLRVVSHHRARLATP

IRTVQKIYSEADSENIPFGDTIFTRSRAANRPFLLIEPPYKVNGEDKVKASTRSTRAN

EEKDSKIDETMASDTKEDENFTATSTSSPDVISKDKSKSLSDAQPKKENAVDAGKG

TTVPVSKNLVQSAVPEASLATTQEITSATSSQSKQDEEKSSVSLPSVRPSLEENILLG

VAIEGSKRTLPIEGEMTPSPMPAESQEFAVQRNGGGPPASKDKKDGQSSFPTGKQN

D *

GsSm24

MASTKVQRVMTQPINLIFRFLQSKARIQIWLFEQKDLRIEGRIIGFDEYMNLVL

DDAEEVNVKKKSRKTLGRILLKGDNITLMMNTGK *

GsSm25

MSWAGPEDIYLSTSLASYLDKKLLVLLRDGRKLMGTLRSFDQFANAVLEGAC

ERVIVGDLYCDIPLGLYVIRGENVVLIGELDLEREELPEHMTRVSTAEIKRAQKAER

EASDLKGTMRKRMEFLDFD *

GsSm26

MAAVRSSSVRRLGSTIQGSFNMELVQHCHYHHSMCMNLARLPSDSLSHPYYK
RELQFAKNRFSNLASESLGSSHHFGTRASVSVKPTFSGYCFRSALPFASMSHVLNHR
MYSSSVGDKGSRDGGTEVSAGSGATDINTTGDSVVGGDWAERIKDAWKSVAEAAS
YAGGKVKETSDDLTPFAQQLLDSHPYLDKVVIPVAGTLTATILAWFLLPRILRKFHK
YATQGPVSLLPASVSVEPVPYEKSFWGAMEDPVRYLVTFIAFSQIGVMVAPTTITSQ
YLAPVWRGAVIVSFVWFLHRWKTNIFARTLSSQSLLGLDKEKVLALDKISSIGLFVI
GIMALAEACGVAVQSVVTVGGIGGVATAFAAKDILGNVFSGLSMQFSKPFSIGDTIK
AGSIEGQVVEMGLTSTSLLSSEKFPVIVPNSFFSSQVIVNKSRAEYLAIITKIPLQTEDL
SKIPQISDDVKSMLRSNAKVFLGKDVPYCFLSRIESSYAELTLGYNLKHMRKDELYS
AEQDILLQAVQIIKNHGVALGSTWQDTSSK *

GsSm27

MANNPSQLLPSELIDRCIGSKIWVIMKGDKELVGTLRGFDVYVNMVLEDVTEY
EITAEGRRITKLDQILLNGNNIAILFLASVILILAIIWLHAVGPWWFS *

GsSm28

MSGRKETVLDLAKFVDKGVQVKLTGGRQVTGTLKGYDQLLNLVLDEAVEFL
RDPDDPLKTTDQTRNLGLIVCRGTAVMLVSPTDGTDEIANPFMQPDGS *

GsSm29

MSRSLGIPVKLLHEASGHVVTVELKSGELYRGSMIECEDNWNCQLESITYTAK
DGKTSQLEHVFIRGSKVRFMVIPDMLKNAPMFKRLDARIKGKGASLGVGRGRAVA
MRAKAQAAGRGAAPGRGVPPVRR *

GsSm30

MSAGPGLESLVDQTISVITNDGRNIVGVLKGFDQATNIILDESHERVYSTKEGV
QQLVLGLYIIRGDNISVVGELDEELDSSLDLSKLRAHPLKPVIH *

GsSm31

MEEDKGVADKKVTKNDEVVLRISDSEEAMHAEKDHRDSRSSLEAEISSLSPQH
STHIGKGFTDSHGELTELENLRNKGQVSSELVTTTKRLMCRSEFSKPKSRLVEPPCP
KDATFVVEKAQMTSSNLSARNSSNKNVSEATIVTPRTPLLGTPREEDDDDEEVYKA
ALIEMTKRSGKKYSVLGFVEWFAFVCIMGFLIASLTDHKLQHWEIWGLELWKWCV
LVLVILCGRLVTEWFINVLVFLIERNFLFKKKVLYFVYGVKNSVQGFVWLSLVLLT
WVLLFHHDVETARKFTRILNYITRALASCLIGAAIWLAKTFLIKLLASNFQSTRFFDR
VQVSIFHQYILRTLSGPPLMDMAETVGNMSSSGRLSFKAMINKNEGKEEQVIDVDKL
KKMKQEKVSAWTMKGLINVISSSGLSTISYTPESAFEDESDQKDNEITSEWEAKAAA
YRIFRNVAKPGNKYIEKDDLLRFMKIEEVENVLPLFEGAVETGRIKRKSLKNWLVK
VYLERRSLVHSLNDAKTAVDDLNMLASLLLVVFMFGNTAKAVFEAIIFVFVIHPFDI
GDRCVVDGVQMVVEEMNILTTVFLRYDNEKIFYPNSVLATKPISNFYRSPEMQDSV
EFSVDVSTSIESIGALKAKLKAYLESKPQHWCSNHNVLVKDIENVNKMKMCLNVTH
TINFQNYKERNSRRSELVLELKKILEDLNIKYHLLPQEVHLSYVRSQDSAAHTF *

GsSm32

MIVCYPVSYPVGKVLDHLVGHNEALFRRAELKALVSIHGQEVDNTMSLRRFL
GYSDGGVMRSDAKPCFRLMRHIAAIFSVGGAFGFWVLCRMHYGLVYLLPSLLSCSI
*

GsSm33

MALPGSLQLSHGLGLCRNLDCSKHSRAADRGKLHLYSAGPSYPISFMRQECRG

FQHLRHINRPAHTLSCKSRSFKCHCFLGQPNELPAVKVAATVLARSCNVLQNSPTIV

KLIPAVGVIIFAVWGVGPLLFQTRKLLFQRSDSSWKRSTTYYIITSYLQPLLLWTGAI

LICRALEPLILPSETSQVVKERLLNFVRSLSTVLAFAYCLSSVIQQAQKFLAESTDASE

TRNMGFQFAGKAVYSAVWIAAFSLFMELLGFSTQKWVTAGGLGTVLLTLAGREIFT

NFLSSVMIHATRPFVVNEWIQTKIEGYEVSGTVEHVGWWSPTIIRGEDREAVHIPN

HKFTVNVVP * DSQN * VWRIKTHLAISHLDVNKINNIVADMRKVLAKNPQVEQQ

RLHRRVFLDNINPENQALL * DHTCFVKTSHFEEYLCVKEAVLLDLLRVIGHHRAR

LATPVRTLQKIYSDADLENIPFADSTFGRGAGTVPNRPLLVIEPSYKINGDDKKSRSA

RPAVDQDNKTATRTKVDTEGDNKVVTPNSDANGNSKTVVTPNSDANGNTKTVVT

PKPDPEVGENKPLKSDSSRENVEVPESPSKSKVTGLVVDNSAQKDVDVKQSKVHTT

KNTKPNIDSDNVVSSSSTNNADKTGGFNTNMPMKQQGEKKPAAQPHASRTVLEENI

VLGVALEGSKRTLPIDEEIDNVTSREAKEMAALQSGNGSPKAPDGNDN *

GsSm34

MATVSCANLESFIGCFICLISKCEIRYEGVLYFFNIQDSIIGLKDVRSYGTEGRR

KDGPQVPPSYMVYEYILFRGNNIKNLQIKFPAPSSKLEEQVFSDPAIIQSEYSGLLSSP

VVGLLSSPVASVGGRSLTESIQRQDSPAISSKAFPAGLPSHQSVTQPGPSNSSAATQV

ASHPSFFAAMDWQGPSRISSSSSHSLLQSSSRQPPSLAASLAVQNQMQNAETQVPIK

GGWTALSDYGLPVSSAMASLVNQTHPPSLTSLKNSDSLDIPSLLSTKPPVSYSASMTF

DGSNMPQFSSTLQDINSIQAQISGNICPDPRSIHPQHSVHRSAPSFVDSTSGSLPTAPSL

LTPDQFAYPREQLLSLTHLNPTQKDMGSLTLTSSGSSALMPSPASQAPLLPLPTSVQK

LPCTAPQYTEESDLEAINEKFKKNVVWGSFGKATTKIEGVDNASLPALQYTEEFDIE

AINEKFKKNVVWGSFGKAITKIEGVEDNASLSLGDRECPGVIPNPKTGYKKDDFFD

TISCNSSTGGSRSGPNLFSERMKQDTETSDSFQQRPNFTSGAGRGADFRGANNWGR

GYGYNRRGRGPNFPF *

GsSm35

MSGTEKAGSGTTKTPADFLKSIRGRPVVVKLNSGVDYRGILACLDGYMNIAME

QTEEYVNGQLKNKYGDAFIRGNNVLYISTSKRTLAEGA *

GsSm36

MLPLSLLKTAQGHPMLVELKNGETYNGHLVNCDTWMNIHLREVICTSKDGDR

FWRMPECYIRGNTIKYLRVPDEVIDKVQEETKSRTDRKPPGVGRGRGRGREDGPG

GRQPKGIGRGLDEGGPKGQGGRGRGGPGGKPGGNRGGGRGRG *

GsSm37

MSRPMEEDTAGKNEEEEFNTGPLSVLMMSVKNNTQVLINCRNNKKLLGRVRA

FDRHCNMVLENVREMWTEVPKTGKGKKKSQPVNKDRFISKMFLRGDSVIIVLRNP

K *

GsSm38

MQSIRKSFKSYGSYNKHSRFFGAGNTDPEHEQLPILLDQQTLRQSAMPAGDYV

VKINEDGSEAPQDNKIWRESSYEFWNNDTTTTTTTTTIPGSSEESFDFRHSEDPPSQL

IGRFLHKQRASGEMQLDMDLEMEELQREGGDDDDDGKLTPVEESPMTHRVSREL

KVSFEEPAYNVNFLETQNDAVRRRHSKDSPSLAEFQRPPQPPQYDRRRSPSPSPAC

GDEVVRCTSNASFERNLSMQRKSALLKAKTRSRLMDPPEEPDRKSGRVLKSGQLL

SGFLGKKNDEEDDDPFLEEDLPDEFKETHFSLWILLEWLSLISIIGLLITTLCVPFLRN

KNLWQLRLWKWEVMVLVLICGRLVSDWVVRIAVFCIERNFLLRKRVLYFVYGVR

KAVQNCVWLGLVLIAWHLLFDKRVQRETHSDFLEYVTKVLVCFLVGTLVWLLKTL

MVKVLASSFHVSTYFDRIQESLFNQFVIETLSGPPLVEIQKAEEEEERLADEVQKLQ

NAGVTIPPDLRASAFSNIKSGRLRSGMLQKSPRVKSGKFSRPLSKKSDEGNVITMDN

LHKLNPNNISAWNMKRLMNMVRHGALSTLDEQILDNSNDDDNATQIRSEYEAKAA

AKKIFHNVARRGCRYIYPDDLMRFMREDEAAKTMNLFEGASEAGKISKSALKNWV
VNAFRERRALALTLNDTKTAVNKLHRMLNFIVGIIILVIWLLILELATTKFLLFVSSQ
VVVVAFIFGNTCKTIFEAIIFLFVMHPFDVGDRCEIDGVQMVVEEMNILTTIFLRFDN
QKVIIPNNVLATKAIYNYYRSPDMGDAIEFCVHISTPVEKISLIKHRIQSYIDNKKEH
WYPSPLIVYRDYDQLNMVRLAIWPTHRMNFQDMGERFVRRSLLLEEMIKIFRELD
INYRLLPMDINVRATPTTSDRLPPSWTSVPTPS *

GsSm39

MSRSGQPPDLKKYMDKKLQIKLNGNRMIVGTLRGFDQFMNLVVDNTVEVNG
NEKNDIGMVVIRGNSVVTVEALEPVNRA *

GsSm40

MSMSKSSKMLQYINYRMRVTIQDGRQLVGKFMAFDRHMNLVLGDCEEFRKL
PPAKGKKPAEGGDREDRRTLGLVLLRGEEVISMTVEGPPPPEESRSKAVGAAALAG
PGIGRAAGRGIPPAPVVQAQPGLAGPVRGMGGPAPGMMQPQISRPPQLNAPPVSYP
GGGPPVMRPPGQMPGQFAPPPMARGPPPPMPPGQFAPQRPGGPPPQFQVPPQFGQ
RPMGPPPPGQMVRGPPAPPRPGMPAPPPPRPGMPPPPGSGVPVFGPPRPGMPPPPN
PPNQQQQ *

GsSm41

MHAEKDQRESRSSLEAESSSLSPQHSTHIGKGFTDSHGELTELENLRNKGQVS
TELVTTTKRLMGRSEFSRPKSRMVEPPCPKDANFVEEQAQMTSSNSSAWNSPNKNA
PEATIVTPRTPLPGTPGEEEDDDEEVYKTAHVEMRKRSGKKCRVLGFVEWYAFVC
IMGFLIASLTVHKLQHREIWGLELWKWCVLVLVILCGRLVTEWFINVLVFLIERNFL
FKKKVLYFVYGVQKSVQGFIWLSLVLLTWVLLFHHGVERTRNVSRILNYITRAFVS
CLIGAAIWLAKTLFIKLLASNFQSTRFFDRVQESIFHQYILRTLSGLPLMNMSAKVGK

TSSSGQLSFKTMINENEGKEEQVIDVDKLKKMKQEKVSAWTMKGLIDVIRSSGLSTI
SYTPESADEDESDQKDNEITSEWEAKAAAYRIFRNVAKPGNKYIEKDDLLRFMKNE
EVENVLPLFEGAVETGRIKRKSLKNWLVKVYLECRSLVHSLNDTKTAVDDLNMLA
SVIVLIVITIVWLLIMGFLNTQVLVFISSQLLLVVFMFGNTAKTVFEAIIFVFVMHPFD
VGDRCVIDGVQMVVEEMNILSTIFLRYDNEKIFYPNSVLATKPISNFYRSPEMSDSV
EFAVDVSTSIESIGALKTKLKAYLESKPQHWRPNHSVLVKDIENVNKMKMAFYVTH
TINFQNYGDKNNRRSELVLELKKILEDLNIKYHLLPQE *

GsSm42

MYEKLLVLLRDGRKLMGTLRSFDQFANAVLEGACERVIVGDLYCDIPLGLYVI
RGENVVLIGELDLEREELPEHMTRVSTAEIKRAQKAEREASDLKGTMRKRMEFLD
FD *

GsSm43

MNTGGDSVVGGDWAERIKDAWKSVAEAASYAGDKVKETSDDLTPYAQQLLD
SHPYLDKVVIPVGGTLTATIIAWFLLPRILRKFHKYAMQGPVSLLPASVAGEPVPYE
KSFWGAMEDPVRYLVTFIAFSQIGVMVAPTTITSQYLAPVWRGAVIVSFVWFLHR
WKTNVFARSLSSQSLLGLDREKVFALDKISSIGLFVIGIMALAEACGVAVQSIVTVG
GIGGVATAFATKDILGNVFSGLSMQFSKPFSIGDTIKAGSIEGQVVEMGLTSTSLLSS
EKFPVIVPNSFFSSQVIVNKSRAEYRAIITKIPLQTEDLSKIPQISDDVKSMLRSNANV
FLGKDVPYCFLSRIESSYAELTLGYNLKHMRKDELYSAEQDILLQAVQIIKNHGVAL
GSTWQDTSSK *

GsSm44

MEGRQILSRFCPKSSSVPSIPIVKQQYSLKFPLLPSSSSHLSSQSQNLDVPSRAVH
PISIVHKEVCSSSWRRIWCSSSSSSSSSSSSAAEPKEGHEVTAQVAVGRKKLAVFVSG

GGSNFRAIHEASKRGSLHGDVLVLVTNKSDCGGAGYARNNGIPVILYPKAKDESNP
SDLVETLRKFKVDFILLAGYLKLIPVELIRAYERSIFNIHPSLLPAFGGKGFYGMKVH
KAVIASGARFSGPTIHFVDEHYDTGRILAQRVVPVLANDTAEELAARVLKEEHQLY
VEVVEALCEERVVWRKDGVPLIQSKENPNEFR *

GsSm45

MEKTRPSDQVVLFLDQHNPKPPSIESENHQNKPKHPLKVRTLNRLSFSKPKSRI
LEYNYNVPRNKVAISEEISDVIQPTYKLSSNDDDKEDDEDDCEWDEDETEEDGSEH
GPKLHQKRKCKIKWRLMMEWILFLNILTCLVCSLTISSITNMHLLGLEIWKWCLMA
MVTFSGRLVSGWLVGLTVFIIERNFMLREKVLYFIYGLRKSIRNCMWLGLVLLSYW
SVVFDDVQKKNHKFLNKVFQALVAVLVGATIWLLKIVLVKMLASSFHVTTYFDRM
KESVFHHYILETLSDPPMMDDVAEQQHHLTRWNNAKNLNKSKKFGSRRIDMEKLR
KLSMESTASAWSVKRLVNYVRSSGLSTISRTVDDFGNAESEINSEWEARNCAQRIFK
NVAKPGAKYIEEEDLMRFLKRVEIHTIFPLFEGALETGHISRSSFRNWVIRAYYERK
ALAQSLNDTKTAVQQLHKIASAIVSVIIIIVMLLVMEVATLKIILFCITQTVLIGVAFQ
GTCKTVLEAIIFVFVMHPFDIGDRCVIDGVHMIVEEMNILTTVFLRYDNEKIYYPNA
VLLSKPISNFYRSPEMCDSIDFTIDVSTSMETILALKKSIQMYIESKPKYWNPKHSMIA
KGIENMDKLKLCLSVQHTINHQNYGERNVRITELLLELKKIFEIHGIKYHLLPQEIQI
THMNIEHGKVLFQS *

GsSm46

MEKTRSSDQVVVFLDQHNPKPPSMESENHQDKPKHPLKVRALNRLSFSKPKS
RILEYNYNVPRNKVAEESDIIQPTYKFSSNDDDDDDDDNDLDLEWDEDETEEDGSE
HGPKLHQKRKFKIKWRLMMEWILFLNILTCLVCSLTISSITNMHLLGLEIWRWCVM
AMVTFSGRLVSGVGGRSNGVHPRAKLHAPREGAVLHLRTPKQHKKLHVARPGAT
LLLEHGVQRRPKEEPQVPQQGLPSPSSSVSGRYHLAREDRAGEDARVLVPRHHLL

RQNEGERLPSLHSRDPLGSSDGRRRGGAAAAPPRGIEVDAREVECQELLRKLSMES

TATAWSVKRLVNYVRSSGLSTISRTVDDFGNAESEISSEWEARNCAQRIFKNVAKP

GAKYIEEEDLMRFLKRVEIHTIFPLFEGALETGQISRSSFRNWVIRAYYERKALAQS

LNDTKTAVQQLHKIASAVVSVIIIIVMLLLMEMATIKIILFCITQFVLIGVAFQGTCKT

VLEAIIFVFVMHPFDIGDRCVIDGVHMIVEEMNILTTVFLRYDNEKIYYPNAVLLSK

PISNFYRSPEMWDSIDFTIDVSTSMETILALKKSIQMYIESKPKYWNPKHSMIAKGIE

NMDKLKLCLSVQHTINHQNYGERNIRITELLLELKRIFEIHVIGQLPGPLANISH *

GsSm47

MATEEESAVKEPLDLIRLSLDERIYVKLRSDRELRGKLHAYDQHLNMILGDVE

EIVTTVEIDDETYEEIVRTTKRTVPFLFVRGDGVILVSPPLRTA *

GsSm48

MASTKVQRVMTQPINLIFRFLQSKARIQIWLFEQKDLRIEGRIIGFDEYMNLVL

DDAEEVSIKKKSRKTLGRILLKGDNITLMMNTGK *

GsSm49

MSGTEKAGSGTTKTPADFLKSIRGRPVVVKLNSGVDYRGILACLDGYMNIAM

EQTEEYVNGQLKNKYGDAFIRGNNGLYISTSKRTLAEGA *

GsSm50

MKLVRFLMKLNNETVSIELKNGTVVHGTITGVDISMNTHLKTVKLTLKGKNP

VTLDHLSVRGNNIRYYILPDSLNLETLLVEEAPKIKPKKPTAGKPLGRGRGRGR

GRGRGR *

GsSm51

MSRSGQPPDLKKYMDKKLQIKLNANRMVVGTLRGFDQFMNLVVDNTVEVNG
NEKNDIGMVVIRGNSVVTVEALEPVNRT *

GsSm52

MLPLSLLKTAQGHPMLVELKNGETYNGHLVNCDTWMNIHLREVICTSKDGDR
FWRMPECYIRGNTIKYLRVPDEVCIVLLTKFKKKPRAVQIANHLEWDVEGEEAER
MVLVGAQQKELGVVLMMVVPRELEEAEAGVVPVESLVETEGEVEADSKKWQELL
NVYR *

GsSm53

MATIPVNPKPFLNNLTGKPVIVKLKWGMEYKGYLVSVDSYMNLQLANTEEYI
EGQFTGNLGEILIRCNNVLYLRGVPEDEEIEDVAED *

GsSm54

MQSIRKSFKSYGSYNKHSRFSGAGNSDSDHEQQLPILHDQETRCHPAMPAGD
YVVKINEDGSEAPQGNRIWRESSYEFWNNDGATTTAGGSDQSFDFRQSEDPPSQLI
GHFLHKQRASGEMQLDMDLEMEELQREGDDGKLTPVDESPVTHRVSRELKRKTTP
SEEGTARTRRRSRTGDEEVVRCTSNASFERSLSMQRKSALLKAKTRSRLMDPPEEP
DRKSSRVLKSSQLLSGFLGKKNDEEDEDPFLEEDLPDEFKETHFSLWILLEWLSLILI
IGLLITTLCVPFLRNKDLWQLRLWKWEVMVLVLICGRLVSDWVIRIAVFCIERNFLL
RKRVLYFVYGVKKAVQNCVWLGLVLIAWHLLFDKRVQRETRSNFLEYVTKVLVC
FLVGTLVWLLKTLMVKVLASSFHVSTYFDRIQESLFNQFVIETLSGPPLVEIRKAEE
EEERLADEVQKLQNAGVTIPPDLRASAFSNIKSGRLRSGMLPKSPRFKSDKFSRPLS
KKSDEPNMITMDNLHKLNPNNISAWNMKRLMNMVRNGALSTLDEQILDNSMDDE
NATQIRSENEAKAAAKKIFQNVARRGCRYIYPDDLMRFMREDEAAKTMNLFEGAS

EAERISKSALKNWVVNAFRERRALALTLNDTKTAVNKLHRMLNFIVAIVILVIWLLI
LELATTKFLLFVSSQVVVVAFVFGNTCKTIFEAIIFLFVMHPFDVGDRCEIDGVQMV
VEEMNILTTIFLRYDNQKVIIPNNVLATKAIYNYYRSPDMGDAIEFCLHISTPVEKISL
IKHRIQSYIDNKKEHWYPSPLIVYRDYDQLNMVRMAIWPTHRMNFQDMGERFVRR
SLLLEEMIKIFRELDINYRLLPLDINVRATPTTSDRLPPSWASVPTPS *

GsSm55

MGDSRKKHRRVQDSPSSSSSSCSDSDDSSRRRRAAAGEKERLRKSEEKEERR
RKKRDRERKKKKKRLHDSDDSCSSEEEDEQPSVQPETVITEMMKEFPNVGNDLKQ
LLQMIDDGQAVDIKGISEKSLAKHLKKLFLSLNLMENGDRVFLLHSKARPTLDVVF
PLIQSYMNMNPMNEQADTSAPVPESSSVPIDTGNKQMVDDHATAAPEDHSVGPRR
RMIGPAMPSVELLAAAAKLTEAQTELRDAELDDDTELFVGPPPPALVSEAESANEA
ERFEEVTRIMEVEADSPYDVLGVNHNMSSDNIKKKYWKMSLLVHPDKCSHPHRV
QRKFNLGKAFVYFHLKLIRVNSFHFKDPRCQKSSSVLKIHVQSRTVMSKIIKVLGNF
LHLTHIITYIHRKAMDEKIKFKQEQEQFQAELKTMREAALWRRSQGISMEGDEELL
AQTEVKVEPKRDEWMTTLPPERKPGGMTMHSTKFSRGPKEGRGDTSVWTDTPSD
RAQKAKMNYLEAYNEATALASNEEDKKRDSADAELVDKYNKAKRSKTLVQKYQ
EEAASKSKKKSKEVKQQPEKEDWVGQHPWKPWDREKDLTAGRKTVNFDSESMTK
NLSSRFSSGNFQRNFL *

GsSm56

MSRPMEEDAAGKNEEEEFNTGPLSVLMMSVKNNTQVLINCRNNKKLLGRVR
AFDRHCNMVLENVREMWTEVPKTGKGKKKAQPVNKDRFISKMFLRGDSVIIVLRN
PK *

参考文献

［1］ 王佳丽,黄贤金,钟太洋,等. 盐碱地可持续利用研究综述［J］. 地理学报,
2011(5):673 - 684.

［2］ 花锦溪,臧淑英,那晓东. 松嫩平原盐碱化反演及其动态变化过程［J］. 水
土保持通报,2017,37(1):155 - 160.

［3］ Zhu Jiankang. Salt and drought stress signal transduction in plants［J］. Annual
Review of Plant Biology,2002,53:247 - 273.

［4］ Fuglsang A T,Guo Y,Cuin T A,et al. Arabidopsis protein kinase PKS5 inhibits
the plasma membrane H^+ - ATPase by preventing interaction with 14 - 3 - 3
Protein［J］. The Plant Cell, 2007,19(5):1617 - 1634.

［5］ 孙蕾,赵洪锟,赵芙,等. 东北野生大豆遗传多样性分析［J］. 大豆科学,
2015,34(3):355 - 360.

［6］ Ge Ying,Li Yong,Zhu Yanming,et al. Global transcriptome profiling of wild
soybean (*Glycine soja*) roots under $NaHCO_3$ treatment［J］. BMC Plant Biology,
2010(10):153 - 166.

［7］ Yu Yang,Duan Xiangbo,Ding Xiaodong,et al. A novel AP2/ERF family trans-
cript factor from *Glycine soja*,GsERF71,is a DNA binding protein that positively
regulates plant alkaline stress tolerance in Arabidopsis［J］. Plant Molecular
Biology,2017,94:509 - 530.

［8］ 刘波. 江苏省加快沿海盐土农业创新发展的思考［J］. 山东农业工程学院
学报,2017,34(9):16 - 20.

［9］ Li Wang,Seki K,Miyazaki T,et al. The causes of soil alkalinization in the Son-
gnen Plain of Northeast China［J］. Paddy and Water Environment,2009(3):
259 - 270.

［10］ Guo Rui,Yang Zongze,Li Feng,et al. Comparative metabolic responses and
adaptive strategies of wheat (*Triticum aestivum*) to salt and alkali stresses
［J］. BMC Plant Biology,2015,15:170 - 182.

［11］ 王娟娟,张文辉. NaCl 和 Na_2CO_3 胁迫对四翅滨藜种子萌发及保护酶活性

的影响[J]. 林业科学,2011,42(2):154 – 160.

[12] Guo Rui,Shi Lianxuan,Yan Changrong. Ionomic and metabolic responses to neutral salt or alkaline salt stresses in maize (*Zea mays* L.) seedlings[J]. BMC Plant Biology,2017,17:41.

[13] Vaish M,Whelan A P,Robles T R,et al. Roles of staphylococcus aureus Mnh1 and Mnh2 antiporters in salt tolerance,alkali tolerance,and pathogenesis[J]. Journal of Bacteriology,2018,200(5):1.

[14] Guo Rui,Shi Lianxuan,Yang Chunwu,et al. Comparison of ionomic and metabolites response under alkali stress in old and young leaves of cotton (*Gossypium hirsutum* L.) Seedlings[J]. Frontiers in Plant Science,2016,7:1785.

[15] Misra A,Tyler G. Influence of soil moisture on soil solution chemistry and concentrateions of minerals in the calcicoles Phleum phleoides and veronica spicata grown on a limestone soil[J] Annals of Botany,1999,84:401 – 410.

[16] Vu T S,Zhang Dawei,Xiao Weihua,et al. Mechanisms of combined effects of salt and alkaline stresses on seed germination and seedlings of Melilotus officinalis (Fabaceae) in Northeast of China[J]. Pakistan Journal of Botany, 2015,47(5):1603 – 1611.

[17] 李学孚,倪智敏,吴月燕,等. 盐胁迫对"鄞红"葡萄光合特性及叶片细胞结构的影响[J]. 生态学报,2015(13):4436 – 4444.

[18] 曲雪萍,贺道耀,余叔文. 水稻中 *p5cs* 基因的存在及其在高脯氨酸变异系中的作用[J]. 植物生理学报,1998(1):49 – 54.

[19] 徐云岭,余叔文. 植物适应盐逆境过程中的能量消耗[J]. 植物生理学通讯,1990(6):70 – 73.

[20] 张新春,庄炳昌,李自超. 植物耐盐性研究进展[J]. 玉米科学,2002(1): 50 – 56.

[21] Xie Hongtao,Wan Zhiyuan,Li Sha, et al. Spatiotemporal production of reactive oxygen species by NADPH oxidase is critical for tapetal programmed cell

death and pollen development in Arabidopsis[J]. The Plant Cell,2014,26 (5):2007 – 2023.

[22] Park J,Gu Y,Lee Y,et al. Phosphatidic acid induces leaf cell death in Arabidopsis by activating the Rho – related small G protein GTPase – mediated pathway of reactive oxygen species generation[J]. Plant Physiology,2004,134 (1):129 – 136.

[23] Baek D,Nam J, Koo Y D,et al. Bax – induced cell death of *Arabidopsis* is mediated through reactive oxygen – dependent and – independent processes[J]. Plant Molecular Biology,2004,56(1):15 – 27.

[24] Uozumi N, Kim E J, Rubio F, et al. The *Arabidopsis* HKT1 gene homolog mediates inward Na$^+$ currents in xenopus laevis oocytes and Na$^+$ uptake in Saccharomyces cerevisiae[J]. Plant Physiology,2000,122(4):1249 – 1260.

[25] Halperin S J,Lynch J P. Effects of salinity on cytosolic Na$^+$ and K$^+$ in root hairs of *Arabidopsis thaliana*: *in vivo* measurements using the fluorescent dyes SBFI and PBFI[J]. Journal of Experimental Botany,2003,54(390): 2035 – 2043.

[26] Hiroaki F,Zhu Jiankang. Osmotic stress signaling via protein kinases[J]. Cellular and Molecular Life Science,2012,69(19):3165 – 3173.

[27] Hiroshi T. Proline as a stress protectant in yeast:physiological functions,metabolic regulations,and biotechnological applications[J]. Applied Microbiology and Biotechnology,2008,81(2):211 – 223.

[28] Ashraf M,Foolad M R. Roles of glycine betaine and proline in improving plant abiotic stress resistance[J]. Environmental and Experimental Botany,2008, 59(2):206 – 216.

[29] DuanMu Huizi,Wang Yang,Bai Xi. Wild soybean roots depend on specific transcription factors and oxidation reduction related genesin response to alkaline stress [J]. Functional and Integrative Genomics, 2015, 15 (6):

651 – 660.

[30] Chen Chao, Yu Yang, Ding Xiaodong, et al. Genome – wide analysis and expression profiling of PP2C clade D under saline and alkali stresses in wild soybean and *Arabidopsis*[J]. Protoplasma,2018,255(2):643 – 654.

[31] Zhu Jiankang. Abiotic stress signaling and responses in plants[J]. Cell, 2016,167(2):313 – 324.

[32] Lienard D,Durambur G,Kiefer – Meyer M C, et al. Water transport by aqua-porins in the extant plant *Physcomitrella patens*[J]. Plant Physiology,2008, 146(3):1207 – 1218.

[33] Lu R, Malcuit I, Moffett P, et al. High throughput virus – induced gene silencing implicates heat shock protein 90 in plant disease resistance[J]. European Molelular Biology Organization Journal,2003,22(21):5690 – 5699.

[34] Park S Y,Yin Xiaoyan,Duan Kaixuan,et al. Heat Shock Protein 90.1 Plays a Role in Agrobacterium – Mediated Plant Transformation[J]. Molecular Plant, 2014,7(2):1793 – 1796.

[35] Ishitani M,Liu Jiping,Halfter U,et al. SOS3 function in plant salt tolerance requires N – myristoylation and calcium binding[J]. The Plant Cell,2000, 12:1667 – 1677.

[36] Guo Yan,Halfter U,Ishitani M,et al. Molecular characterization of functional domains in the protein kinase SOS2 that is required for plant salt tolerance [J]. The Plant Cell,2001,13(6):1383 – 1399.

[37] Qiu Quansheng,Guo Yan,Dietrich M A,et al. Regulation of SOS1,a plasma membrane Na^+/H^+ exchanger in *Arabidopsis thaliana*, by SOS2 and SOS3 [J]. PNAS,2002,99(12): 8436 – 8441.

[38] Wang Yucheng,Qu Guanzheng,Li Hongyan,et al. Enhanced salt tolerance of transgenic poplar plants expressing a manganese superoxide dismutase from Tamarix androssowii[J]. Molecular Biology Reports,2010,37(2):1119 – 1124.

［39］ Kalyani R,Prabhakar K,Gopinath B,et al. Multiple heriditary exostoses in a family for three generation of Indian origin with review of literature［J］. Journal of Clinical and Diagnostic Research,2014,8(10):1 −3.

［40］ 谢国生,朱伯华,彭旭辉,等. 水稻苗期对不同 pH 值下 NaCl 和 NaHCO$_3$ 胁迫响应的比较［J］. 华中农业大学学报,2005,24(2):121 −124.

［41］ Fikret Y,Manar T,Sebnem E,et al. SOD, CAT, GR and APX enzyme activities in callus tissues of susceptible and tolerant eggplant varieties under salt stress［J］. Research Journal of Biotechnology,2013,8(11):45 −50.

［42］ Zhao Jian,Barkla B J,Marshall J,et al. The Arabidopsis cax3 mutants display altered salt tolerance, pH sensitivity and reduced plasma membrane H$^+$ − ATPase activity［J］. Planta,2008,227(3):659 −669.

［43］ Queval G,Noctor G. A plate reader method for the measurement of NAD, NADP, glutathione, and ascorbate in tissue extracts: application to redox profiling during Arabidopsis rosette development［J］. Analytical Biochemistry, 2007,363(1):58 −69.

［44］ Fuglsang A T, Guo Yan, Cuin T A,et al. Arabidopsis protein kinase PKS5 inhibits the plasma membrane H$^+$ − ATPase by preventing interaction with 14 −3 −3 protein［J］. The Plant Cell,2007,19(5):1617 −1634.

［45］ Fuglsang A T,Visconti S,Drumm K,et al. Binding of 14 −3 −3 protein to the plasma membrane H$^+$ − ATPase AHA2 involves the three C − terminal residues Tyr^{946} − Thr − Val and requires phosphorylation of Thr^{947}［J］. The Journal of Biological Chemistry,1999,274(51):36774 −36780.

［46］ Axelsen K B,Venema K,Jahn T,et al. Molecular dissection of the C − terminal regulatory domain of the plant plasma membrane H$^+$ − ATPase AHA2: mapping of residues that when altered give rise to an activated enzyme［J］. Biochemistry,1999,38(22):7227 −7234.

［47］ Zhu Dan,Bai Xi,Chen Chao,et al. GsTIFY10, a novel positive regulator of plant tolerance to bicarbonate stress and a repressor of jasmonate signaling [J]. Plant Molecular Biology,2011,77(3):285 – 297.

[48] Ferjani A,Segami S,Horiguchi G,et al. Keep an eye on PPi: the vacuolar – type H$^+$ – pyrophosphatase regulates postgerminative development in *Arabidopsis*[J]. The Plant Cell,2011,23(8):2895 – 2908.

[49] Qin Hua,Gu Qiang,Kuppu S,et al. Expression of the *Arabidopsis* vacuolar H$^+$ – pyrophosphatase gene AVP1 in peanut to improve drought and salt tolerance[J]. Plant Biotechnology Reports, 2013,7(3):345 – 355.

[50] Van Kleeff P J M,Jaspert N,Li K W,et al. Higher order *Arabidopsis* 14 – 3 – 3 mutants show 14 – 3 – 3 involvement in primary root growth both under control and abiotic stress conditions[J]. Journal of Experimental Botany,2014,65(20):5877 – 5888.

[51] Rienties I M,Vink J,Borst J W,et al. The *Arabidopsis* SERK1 protein interacts with the AAA – ATPase AtCDC48, the 14 – 3 – 3 protein GF14 lambda and the PP2C phosphatase KAPP[J]. Planta,2005,221(3):394 – 405.

[52] 崔娜,于志海,韩明利,等. 植物 14 – 3 – 3 蛋白研究进展[J]. 西北植物学报,2012,32(4):843 – 851.

[53] 王大海,西伯利亚蓼耐盐碱机制初步研究[D]. 哈尔滨:东北林业大学,2004.

[54] 汪月霞,孙国荣,王建波,等. NaCl 胁迫下星星草幼苗 MDA 含量与膜透性及叶绿素荧光参数之间的关系[J]. 生态学报,2006,26(1):122 – 129.

[55] 蒋进,高海峰. 柽柳属植物抗旱性排序研究[J]. 干旱区研究,1992(4):41 – 45.

[56] Zhou Sang, Zhao Kefu. Discussion on the problem of salt gland of *Glycine soja* [J]. Acta Botanica Sinica,2003,45(5):574 – 580.

[57] 丁艳来,赵团结,盖钧镒. 中国野生大豆的遗传多样性和生态特异性分析 [J]. 生物多样性,2008,16(2):133 – 142.

[58] 董英山. 中国野生大豆研究进展[J]. 吉林农业大学学报,2008,30(4):394 – 400.

[59] 肖鑫辉,李向华,刘洋,等. 高盐碱胁迫下野生大豆(*Glycine soja*)体内离子积累的差异[J]. 作物学报,2011,37(7):1289 – 1300.

[60] Wang Xi,Cai Hua,Li Yong,et al. Ectopic overexpression of a novel *Glycine soja* stress – induced plasma membrane intrinsic protein increases sensitivity to salt and dehydration in transgenic Arabidopsis thaliana plants[J]. Journal of Plant Research,2014,128(1):103 – 113.

[61] 张风娟. 盐生植物耐盐结构的研究现状[J]. 河北职业技术师范学院学报,2003,17(4):75 – 78.

[62] 郭宝生,翁跃进. 大豆耐盐机理及相关基因分子标记[J]. 植物学通报,2004,21(1):113 – 120.

[63] 柳参奎,张欣欣,程玉祥."植物细胞内 pH 调控系统"是适应环境逆境的一个耐性机制?[J]. 分子植物育种,2004,2(2):179 – 186.

[64] Cao Jun,Shi Feng,Liu Xiaoguang,et al. Genome – wide identification and evolutionary analysis of *Arabidopsis* sm genes family[J]. Journal of Biomolecular Structure & Dynamics,2011,28(4):535 – 544.

[65] Wang Zongyang,Song Fengbin,Cai Hua,et al. Over – expressing GsGST14 from Glycine soja enhances alkaline tolerance of transgenic *Medicago sativa* [J]. Biologia Plantarum,2012,56(3):516 – 520.

[66] Kim M Y,Lee S,Van K,et al. Whole – genome sequencing and intensive analysis of the undomesticated soybean (*Glycine soja* Sieb. and Zucc.) genome[J]. Proceedings of the National Academy of Sciences of the United States of America,2010,107(51):22032 – 22037.

[67] Licausi F,Ohme – Takagi M,Perata P. APETALA/Ethylene responsive factor (AP2/ERF) transcription factors:mediators of stress responses and developmental programs[J]. The New Phytologist,2013,199(3):639 – 649.

[68] Li Xueping,Zhu Xiaoyang,Mao Jia,et al. Isolation and characterization of ethylene response factor family genes during development, ethylene regulation and stress treatments in papaya fruit[J]. Plant Physiology and Biochemistry: PPB,2013,70:81 – 92.

[69] Mizoi J,Shinozaki K,Yamaguchi – Shinozaki K. AP2/ERF family transcription factors in plant abiotic stress responses[J]. Biochimica Et Biophysica Acta, 2012,1819(2):86 – 96.

[70] Velasco R,Zharkikh A,Affourtit J,et al. The genome of the domesticated apple (*Malus × domestica* Borkh.) [J]. Nature Genetics, 2010, 42 (10): 833 – 839.

[71] Rao Guodong,Sui Jinkai,Zeng Yanfei,et al. Genome – wide analysis of the AP2/ERF gene family in *Salix arbutifolia* [J]. Wiley – Blackwell Online Open,2015,5(1):132 – 137.

[72] Thamilarasan S K,Park J I,Jung H J,et al. Genome – wide analysis of the distribution of AP2/ERF transcription factors reveals duplication and *CBFs* genes elucidate their potential function in *Brassica oleracea* [J]. BMC Geno-mics, 2014,15:422.

[73] Song Xiaoming,Li Ying,Hou Xilin. Genome – wide analysis of the AP2/ERF transcription factor superfamily in Chinese cabbage (*Brassica rapa* ssp、*pekinensis*) [J]. BMC Genomics, 2013,14:573.

[74] Dietz K J,Vogel M O,Viehhauser A. AP2/EREBP transcription factors are part of gene regulatory networks and integrate metabolic, hormonal and environmental signals in stress acclimation and retrograde signalling[J]. Protoplasma,2010,245(1 – 4):3 – 14.

[75] Mishra S, Phukan U J,Tripathi V,et al. PsAP2 an AP2/ERF family transcription factor from Papaver somniferum enhances abiotic and biotic stress tolerance in transgenic tobacco [J]. Plant Molecular Biology,2015,89 (1 – 2):

173 – 186.

[76] Jisha V, Dampanaboina L, Vadassery J, et al. Overexpression of an AP2/ERF type transcription factor OsEREBP1 confers biotic and abiotic stress tolerance in rice[J]. Plos ONE,2015,10(6):1 – 24.

[77] Nobuhiro S. Hormone signaling pathways under stress combinations[J]. Plant Signaling & Behavior,2016,11(11).

[78] Akram N A, Fahad S, Muhamad A. Ascorbic acid – A potential oxidant scavenger and its role in plant development and abiotic stress tolerance[J]. Frontiers in Plant Science,2017,8:613.

[79] Bielach A, Hrtyan M, Tognetti V B. Plants under stress: involvement of auxin and cytokinin[J]. International Journal of Molecular Sciences, 2017, 18 (7):1427.

[80] Yang Chao, Lu Xiang, Ma Biao, et al. Ethylene signaling in rice and *Arabidopsis*: conserved and diverged aspects [J]. Molecular Plant, 2015, 8 (4): 495 – 505.

[81] Meng Xiangzong, Xu Juan, He Yunxia, et al. Phosphorylation of an ERF transcription factor by *Arabidopsis* MPK3/MPK6 regulates plant defense gene induction and fungal resistance[J]. The Plant Cell,2013,25(3):1126 – 1142.

[82] Zhang Gaiyun, Chen Ming, Chen Xueping, et al. Phylogeny, gene structures, and expression patterns of the ERF gene family in soybean (*Glycine max L.*) [J]. Journal of Experimental Botany,2008,59(15):4095 – 4107.

[83] Zhang Gaiyun, Chen Ming, Li Liancheng, et al. Overexpression of the soybean GmERF3 gene, an AP2/ERF type transcription factor for increased tolerances to salt, drought, and diseases in transgenic tobacco[J]. Journal of Experimental Botany,2009,60(13):3781 – 3796.

[84] Hernandez – Garcia C M, Finer J J. A novel cis – acting element in the GmERF3 promoter contributes to inducible gene expression in soybean and

tobacco after wounding[J]. Plant Cell Reports,2016,35(2):303 –316.

[85] Fujimoto S Y, Ohta M, Usui A. *Arabidopsis* ethylene – responsive element binding factors act as transcriptional activators or repressors of GCC Box – mediated gene expression[J]. The Plant Cell,2000,12(3):393 –404.

[86] Audhya A,Hyndman F,McLeod I X,et al. A complex containing the Sm protein CAR – 1 and the RNA helicase CGH – 1 is required for embryonic cytokinesis in *Caenorhabditis elegans*[J]. The Journal of Cell Biology,2005,171(2):267 –279.

[87] Lee D K,Jung H,Jang G,et al. Overexpression of the OsERF71 transcription factor alters rice root structure and drought resistance[J]. Plant Physiology,2016,172(1):575 –588.

[88] Lee D K,Yoon S,Kim Y S,et al. Rice OsERF71 – mediated root modification affects shoot drought tolerance[J]. Plant Signaling & Behaviop,2017,12(1): e1268311.

[89] Ingvardsen C,Veierskov B. Ubiquitin – and proteasome – dependent proteolysis in plants[J]. Physiologia Plantarum,2010,112(4):451 –459.

[90] Kelley D R,Estelle M. Ubiquitin – mediated control of plant hormone signaling [J]. Plant Physiology,2012,160(1):47 –55.

[91] Bhasker S,Deepti J,Yadav P K,et al. Role of ubiquitin – mediated degradation system in plant biology[J]. Frontiers in Plant Science,2016,7:806.

[92] Stone S L. The role of ubiquitin and the 26S proteasome in plant abiotic stress signaling[J]. Frontiers in Plant Science,2014,5:135.

[93] Vierstra R D. The ubiquitin/26S proteasome pathway,the complex last chapter in the life of many plant proteins[J]. Trends in Plant Science,2003,8(3):135 –142.

[94] Goff K E,Ramonel K M. The role and regulation of receptor – like kinases in plant defense[J]. Gene Regulation and Systems Biology,2007,1:167 –175.

［95］ Feussner K, Feussner I, Leopold I, et al. Isolation of a cDNA coding for an ubiquitin – conjugating enzyme UBC1 of tomato—the first stress – induced UBC of higher plants［J］. FEBS Letters, 1997,409(2):211 –215.

［96］ Ryu M Y, Cho S K, Kim W T. The *Arabidopsis* C3H2C3 – Type RING E3 ubiquitin ligase AtAIRP1 is a positive regulator of an abscisic acid – dependent response to drought stress［J］. Plant Physiology,2010,154(4):1983 –1997.

［97］ Cho S K, Ryu M Y, Dong H S, et al. The *Arabidopsis* RING E3 ubiquitin ligase AtAIRP2 plays combinatory roles with AtAIRP1 in abscisic acid – mediated drought stress responses［J］. Plant Physiology,2011,157(4):2240 –2257.

［98］ Li Hongmei, Jiang Hongling, Bu Qingyun, et al. The *Arabidopsis* RING finger E3 ligase RHA2b acts additively with RHA2a in regulating abscisic acid signaling and drought response［J］. Plant Physiology,2011,156(2):550 –563.

［99］ Lim S D, Hwang J G, Jung C G, et al. Comprehensive analysis of the rice RING E3 ligase family reveals their functional diversity in response to abiotic stress［J］. DNA Research,2013,20(3):299 –314.

［100］ McNeilly D, Schofield A, Stone S L. Degradation of the stress – responsive enzyme formate dehydrogenase by the RING – type E3 ligase keep on going and the ubiquitin 26S proteasome system［J］. Plant Molecular Biology, 2018,96(3):265 –278.

［101］ Lee J – H, Kim W T. Regulation of abiotic stress signal transduction by E3 ubiquitin ligases in *Arabidopsis*［J］. Molecules & Cells, 2011, 31(3): 201 –208.

［102］ Satijn D P, Gunster M J, van Der V J, et al. RING1 is associated with the polycomb group protein complex and acts as a transcriptional repressor［J］. Molecular and cellular biology,1997,17(7):4105 –4113.

［103］ Qi Shilian, Lin Qingfang, Zhu Huishan, et al. The RING finger E3 ligase SpRing is a positive regulator of salt stress signaling in salt – tolerant wild tomato species[J]. Plant & Cell Physiology,2016,57(3):528 – 539.

[104] Chan P Y,Sandeep C,Seong J C. A negative regulator in response to salinity in rice:Oryza sativa Salt – ,ABA – and Drought – induced RING finger protein 1 (OsSADR1)[J]. Plant & Cell Physiology,2018,59(3):575 – 589.

[105] Ma Ke,Xiao Jinghua,Li Xianghua,et al. Sequence and expression analysis of the C3HC4 – type RING finger gene family in rice[J]. Gene,2009,444(1 – 2):33 – 45.

[106] Kang M,Fokar M,Abdelmageed H,et al. *Arabidopsis* SAP5 functions as a positive regulator of stress responses and exhibits E3 ubiquitin ligase activity [J]. Plant Molecular Biology,2011,75(4 – 5):451 – 466.

[107] Elvira – Matelot E,Bardou F,Ariel F,et al. The nuclear ribonucleoprotein SmD1 interplays with splicing,RNA quality control,and posttranscriptional gene silencing in *Arabidopsis*[J]. The Plant Cell, 2016,28(2):426 – 438.

[108] Mayes A E,Verdone L,Legrain P,et al. Characterization of Sm – like proteins in yeast and their association with U6 snRNA[J]. The EMBO Journal, 1999,18(15):4321 – 4331.

[109] Mura C,Cascio D,Sawaya M R,et al. The crystal structure of a heptameric archaeal Sm protein: Implications for the eukaryotic snRNP core [J]. Proceedings of the National Academy of Scionces of the United States of America,2001,98(10):5532 – 5537.

[110] Huertas R,Catalá R,Jiménez – Gómez J M,et al. *Arabidopsis* SME1 regulates plant development and response to abiotic stress by determining spliceosome activity Specificity[J]. The Plant Cell, 2019,31(2):537 – 554.

[111] Valentin – Hansen P,Eriksen M,Udesen C. The bacterial Sm – like protein Hfq:a key player in RNA transactions[J]. Molecular Microbiology,2004,51(6):1525 – 1533.

[112] Märtens B,Hou L L,Amman F,et al. The SmAP1/2 proteins of the crenar-

chaeon Sulfolobus solfataricus interact with the exosome and stimulate A –
rich tailing of transcripts [J]. Nucleic Acids Research, 2017, 45 (13):
7938 – 7949.

[113] Reimer K A, Stark M R, Aguilar L C, et al. The sole LSm complex in *Cyani-
dioschyzon merolae* associates with pre – mRNA splicing and mRNA degrada-
tion factors[J]. Rna – a Publication of the Rna Society, 2017, 23 (6) :952 –
967.

后记

首先要感谢恩师朱延明教授。本书从选题和实验方案的确定、实验条件的准备、实验任务的完成都凝结着恩师的辛勤与汗水。朱老师在科研工作中的严谨作风与敬业精神深深地感动着我，他丰富的科研阅历与敏锐的洞察力深深地影响着我。朱老师，感谢您对我学术研究的指导，对我人生道路的启迪，对我日常生活的默默关怀。向您表达我最真挚的感谢，感谢您这么多年对我的培养，我将用一生铭记这段师生情。

真诚感谢朱丹与孙晓丽师姐，是你们带领我步入科研的殿堂，无论是基础的专业理论知识，还是基本的实验操作，你们给予我的细心教导、对我的严格要求为我的科研工作打下了坚实的基础。同时，感谢与我一起奋斗的邬升杨、王李博与赵欣，谢谢你们与我一起奋斗在科研道路上，谢谢你们的陪伴。感谢端木慧子师姐在生物信息学方面给予我的帮助。感谢段香波、于洋师姐和曹蕾师姐在实验中给予我的无私帮助。特别感谢植物生物工程研究室的师弟师妹们。

由衷感谢我的父母、弟弟及关爱我的其他亲人，你们是我背后的港湾，是我心灵的依靠，你们无条件的付出和支持使我得以专心完成研究。

特别感谢于丽杰院长对本书出版的大力支持。

再次感谢所有关心、帮助及支持我的老师、亲人、师兄、师姐、师弟、师妹及朋友们，借此机会祝你们身体健康，事事如意！